中山出版
ZHONGSHAN PUBLISHING
香山承文脉 好书读百年

减压静心

马老师超越身心之道

（美）马建蜀 著

SPM
南方出版传媒
广东人民出版社
·广州·

图书在版编目（CIP）数据

减压静心：马老师超越身心之道 / (美) 马建蜀著. — 广州：广东人民出版社，2021.12
ISBN 978-7-218-15471-8

Ⅰ. ①减… Ⅱ. ①马… Ⅲ. ①情绪—自我控制—通俗读物 Ⅳ. ①B842.6-49

中国版本图书馆 CIP 数据核字（2021）第 262039 号

JIANYA JINGXIN: MA LAOSHI CHAOYUE SHENXIN ZHI DAO
减压静心：马老师超越身心之道
（美）马建蜀 著

出 版 人：肖风华

责任编辑：李锐锋 吕斯敏
特邀编辑：冼惠仪
装帧设计：吴可量
封面设计：陈宝玉

统　　筹：广东人民出版社中山出版有限公司
执　　行：王 忠
地　　址：广东省中山市中山五路 1 号中山日报社 8 楼（邮编：528403）
电　　话：（0760）89882926　（0760）89882925

出版发行：广东人民出版社
地　　址：广东省广州市海珠区新港西路 204 号 2 号楼（邮编：510300）
电　　话：（020）85716809（总编室）
传　　真：（020）85716872
网　　址：http://www.gdpph.com
印　　刷：广州市岭美文化科技有限公司
开　　本：787mm × 1092mm　1/32
印　　张：6.75　**字　　数**：122 千
版　　次：2021 年 12 月第 1 版
印　　次：2021 年 12 月第 1 次印刷
定　　价：58.00 元

如发现印装质量问题影响阅读，请与出版社（0760-89882925）联系调换。
售书热线：（0760）88367862　**邮购**：（0760）89882925

代序

我学习Alex打坐法的一点体会

我和很多朋友一样，时常面临一些情绪上的困扰，加上上了年纪的原因，身体有些病痛。据说打坐能在一定程度上解决这些问题，于是我开始学打坐。在开始接触打坐时，我会像许多人一样产生两个疑问：第一，打坐跟宗教是什么关系？打坐属于宗教活动吗？第二，花那么多时间去打坐值得吗？

我想谈谈我对这两个问题的一些肤浅理解，可以说是通过一年多来学习打坐，听马老师的音频课程及看马老师的文章，所感悟的一些心得体会，也可以说是学生向老师交的一份作业吧。

第一个问题，打坐到底是不是宗教活动？它跟宗教活动有什么关系？

通过一年多学习，我对打坐是这样理解的。打坐是千百年来没有被大多数人认知的，人类身体和心理自我完善、自我提升的一种工具、方法。人在出生时，上天都公平地给每个人一座宝藏，那就是丹田气。既然是宝藏，第一是要发现，第二是要去开发。打坐就是发现和开发这座宝藏的工具和方法。通过打坐入静、意守丹田而产生丹田气，在气的作用下，增强人的体质，修复身体的缺损，与此同时激发大脑潜能，增加人的智慧，提升人的格局。

用不同的方法打坐有不同的效果，可以练出不同的本领。打坐，这样一种具有神奇作用的工具、方法，有谁会放弃对它的追求呢？所以在文学作品里面，不论是小说也好，影视作品也好，各门各派的高手、大师、宗师们很多都打坐。比如哪位大师闭关了，就是把自己一个人关在山洞里面打坐。千百年来，无论是佛教、道教、印度教等各支各派，其常规修行都是打坐。我们很熟悉的两位大人物——观音菩萨和如来佛，他们的招牌坐姿都是打坐。还有那些圆寂的高僧，他们临终前的姿势也是打坐。此外，在现实生活中，所有的出家人也都是打坐的。所以，人们就很自然地把打坐跟宗教联系在一起，觉得打坐具有宗教的色彩，有的甚至认为它是一种宗教活动。其实，也不是所有的宗教派别都打坐，比如说，基督教、伊斯兰教是不打坐的。由此看来，是许多宗教派别具有打坐色彩，而不是打坐具有宗教色彩。这跟许多宗教的人都用刀，但不能说刀具有宗教色彩的道理是一样的。

上面说的是人们往往把打坐误解为宗教活动的主要原因。其次，是一些人有意在打坐上面加上一些宗教迷信的色彩。一些懂得一点打坐方法的人，为了抬高自己，故意给打坐加上一些宗教迷信的东西，还在传授给别人的时候，故作高深，故弄玄虚，故作神秘。我在网上曾看到，某个指导学员学习打坐打通任督二脉的课程的学费竟要 20 万元！ 20 万元，这可不是个小数目。所以，这么赚钱的方法，他们把它打扮得神秘一点，在上面加上一些什么色彩，也是可以理解的。

马老师把自己半个世纪独创修持的打坐方法和经验，毫无保留、无私地贡献给社会，而且更难得的是，马老师总结、创立的这套方法易学易懂，非常接地气，破除迷信，破除教条束缚，人人可学，让打坐回归现实生活，回归科学。

比如，有人主张打坐的时候在屋子里面点一根香。马老师说："点香会污染室内的空气，对身体不好，没有必要。"

比如，有人主张打坐的时候，要脸朝东或朝西，或者面壁。马老师说："没有必要，只要环境安静，有利于打坐就行。"

比如，有人主张跑到深山老林或到野外去打坐。马老师说："这些地方风太大，容易着凉，千万千万不要。"

比如，不少人主张打坐要戒性生活。马老师说："没有必要。打坐因为激发气血活络会增强性欲，如果你通过打坐增加性欲了，我恭喜你。适当地享受吧。”

比如，有人主张打坐修行要戒荤，只能吃素。马老师说：“没有必要，那会缺乏营养，我也适量吃鱼、吃肉。”

比如，许多人认为打坐修行的人不能杀生。马老师说：“这要具体情况具体分析。如果我家里发现蟑螂和苍蝇，我会毫不犹豫地把它们杀死，因为它们会给我的家人带来困扰和疾病。我的智慧告诉我，我杀死了它们，我会从其他方面补回来，这样利大于弊。”

比如，有人担心打坐要戒贪，很难做得到。马老师说：“戒贪也不能一概而论，不违反法律，不违反道德，不违反自然规律的欲望是被承认的，只是欲望过度的贪便是要克服的。”

马老师认为，一味地谈空，人生就没有积极意义了，他就是一边打坐，一边戒贪，财富反倒不断地增长。马老师 27 岁时拿着 2700 美元到美国创业，到美国第 2 天就让朋友借去了 2500 美元。如今，马老师在美国、欧洲、东南亚、中国，都有投资的产业，涉及服装、汽车零件和房地产。只有马老师的这种越打坐、越戒贪、钱越多的方法和理念，才是平民百姓愿意接受的。如果一味地强调“空”，越打坐越穷困，说实话，我也不会去打坐的。马老师经常说打坐满足了他的精神生活，也满足了他的物质生活。

Alex 打坐方法和理念，剔除了打坐的那些迷信糟粕、神秘色彩和教条框框，使打坐回归理性，回归日常现实生活，使它变成平民百姓都愿意接受，都可以学习的方法。

马老师说，通过打坐可以治疗 30% 到 70% 的疾病。我主要有四种疾病，即手脚关节痛、神经衰弱睡眠不好、经常拉肚子以及长痔疮。通过半年多的打坐，我就做到了入静的时候可以“气冲病灶”，身体哪个地方痛，就会在哪个地方发热，最明显的是手、脚、胳膊关节痛的问题已经基本解决了。以前我是个“气象站长”，刮风下雨前三天我就会知道，身上几乎贴满膏药，一股“老人味”。但如今我这个“气象站长”已经下岗了，我已经把平时用的那些膏药，正式移交给太太。睡眠也有了明显的好转，以前经常服用安眠药，有时候甚至每个晚上都要服用，现在已经基本不用了。就是肠胃的问题还没有解决，仍然不时拉肚子，痔疮也还没有解决，但打坐的时候痔疮已经感到发热，说明丹田气已经把它锁定为目标，要对它进行攻击了。这样说来，我的旧疾治疗有效率已经有 40% 到 50%。

试想一下，如果我们都能学习和坚持打坐的话，那就会大大减少身心痛苦，减轻医院的压力，减少国家医疗费用开支。尤其是对于抑郁症、焦虑症、失眠这些心理疾病，打坐对于它们具有独特的、药物不可替代的疗效。马老师已经通过喜马拉雅这个平台，指导患者打坐，帮助很多人解除了痛苦。所以，我觉得应该把打坐列入国家的全民健身项目，在全国推广。

通过打坐入静带来丹田气，进而达到入定，气跟定之间产生的催化作用，可以帮助人清除贪、嗔、痴等心理垃圾，人的生理和心理都会达到一个新的境界，使人更聪明，更有智慧，更有格局。

经过打坐，我也感觉自己在这方面有点变化，那就是心量似乎变大了，心胸似乎变广了，在各种场合注意自己的起心动念，言行举止似乎更有分寸了。对世事、家事也看透了一些。比如孩子的年龄较大了还没有结婚，做父母的往往会心里焦虑，甚至催婚。我以前经常为这个事情失眠，半夜三更睡不着的时候给儿子发微信，现在我已经不催了，知道催不但没有用，对双方来说都是一件不愉快的事。既然没有用也不愉快，何必呢？如果孩子因为我们催婚而随意结婚，今后的生活不幸福那就更不好了。我对太太发脾气也相对少一点了，有时候忍不住发脾气了，一发现是嗔心在作怪也能马上停下来，声音低了八度。

由于打坐具有身心双修的效果，我们可以看到，凡是真心的出家人都是很有格局，很有礼貌的。试想一下，如果我们的平民百姓都打坐的话，整个社会风气将大为改观。人人彬彬有礼，竭诚相待，互相礼让，助人为乐。这不就是我们梦寐以求的和谐社会吗？

第二个大问题是，每天花那么多时间去打坐，到底值不值得？

其实第一个问题已经回答了这个问题的一半，打坐确确实实有许多好处，打坐可以使你有更好的身体，使你的心量更大，心胸更广，更聪明，更有智慧，有更多的机会，有更辉煌的事业。

马老师说，他所有的讲话从来都是没有事先准备稿子的，都是讲的时候让自己进入入静的状态，讲话的内容就顺着自己的思绪，自动流淌出来了，这就是打坐的效果。这让我想到一个问题：宁静的力量有多大呢？这确实十分值得我们好好思考和研究。

我初步思考的结果是：宁静是智慧的阳光、雨露和养分，越是静越能产生智慧。智慧的作用有多大，宁静的力量就有多大。在一起跟马老师学习的同学中有人分享到：通过打坐，他在跟业主、客户打交道的时候，以前从未想到的方案自然而然就冒出来了。

非常可惜、非常遗憾的是，在现实生活中，打坐的人中绝大多数都不食人间烟火，都不从事实际工作。而从事实际工作的人呢，又绝大多数不打坐。现在打坐的人要么是身体有问题，要么是精神有问题，要么是家庭、事业出了问题。我就是因为身体的问题才去学打坐的。这样一来，就使得打坐这个生产智慧的“产业”，不但“规模”非常小，而且“产品”非常单一，基本都只是局限于人生这个领域。如果有更多的企业家、公务员、知识分子、艺术家去打坐，那么创造出来的产品，就是企业管理的智慧，社会管理的智慧，就是技术公关、科技公关的智慧，就是一个个创新产品和一项项技术突破。对于平时工作中的困扰，通过打坐，他们会茅塞顿开、恍然大悟。与此同时，催生出一大批各行各业出类拔萃的人才。

马老师的打坐方法和修行理念，为什么那么接地气？那么容易被接受？那么有效解决问题？那么受欢迎呢？因为马老师的原材料太丰富了，他打坐的这50年不是躲到深山老林里面，不是不食人间烟火，而是一直生活在东、西方两个大国的红尘之中，足迹遍及世界各地。马老师本身就是一位知名企业家，白手起家，既经历过顺风顺水，也经历过濒临破产的大风大浪，他给我们无私奉上的是他用50年打坐练就的智慧，加上他70年的人生经验和心路历程，阅尽人间百态，遍访世界名师，汲取东、西方文化精髓和打坐经验，混在一起熬出来的一锅浓浓的汤！

打坐还能增加人的运气。有的人一生潦倒，处处碰壁，或者事业不顺，总喜欢归咎于自己的运气不好。马老师说，运气跟你的格局有很大的关系，格局大运气就好。格局从哪里来？打坐是一条捷径。通过打坐，身、心双修，身体好，心量大，心胸广，乐观、进取，有信心，有智慧，遇事淡定、从容，这样的人被老板看中的机会自然多一点，被所谓的贵人看中的机会自然也会多一点。其实这就是运气。

其实决定人生收获大小的，往往只有一两个十字路口。如果在关键的十字路口，静下心来，智慧地做出正确的选择，你的人生收获就不一样了。人越忙越应该找一种方式，让自己安静下来，这样是大有好处的。遇到的问题越大，越需要宁静。有一个典型的例子，《三国演义》里面的刘备，在结拜兄弟关羽被东吴的孙权杀害之后，在极度悲痛的情况下，不听众将官的劝告，执意立刻带兵去攻打吴国为兄弟报仇，结果被陆逊火烧连营，损兵折将，丢盔弃甲，逃回蜀国，一病不起。蜀国从此走下坡路。蜀国在魏、蜀、吴三国之中，寿命是最短的，只存活了 43 年。

人在冲动的情况下，做出错误决策，把事情弄糟的概率是很大的。这种情况在我们日常生活中随处可见，头脑一发热，什么蠢事都做得出来。在文学家的笔下，凡是出现心烦气躁、气急败坏、老羞成怒、暴跳如雷这类词语之后，肯定就没有什么好结果。可能随之出现的就是鼻青脸肿、头破血流之类词语了。为什么？头脑里面的热度跟智慧是成反比的，越热越没有智慧，智慧最害怕热，头脑一发热，智慧就给吓跑了，刘备做那个人生中最糟糕决定的时候，脑子里面的智慧就是被“热”吓跑的。人激动的时候，我们都会劝他，请你冷静一点。为什么？一静下来，智慧又回来了。为什么？我粗浅的理解是，人被气的时候，血往头上涌。血是耗氧的，血的大量涌入，使脑子里面的单位面积含氧量相对减少，从而产生“脑缺氧”，使脑子不能正常运转。人静下来，血退回去，大脑恢复正常供氧，智慧又能复产了。这就是“静能生慧”的道理。

一般的静，可以使大脑恢复正常的智慧；超常的静，可以使大脑激发出超常的智慧。打坐就是使大脑得到超常静的不二法门。

打坐是一种工具，世界上很少有这样一种工具对人体有那么多的功能，有那么多的好处，有那么大的作用，对人生有如此的殊胜。“殊胜”这个词，我还是从马老师那里第一次听到的。不懂，去查了一下百度。百度是这样说的，“事之超绝而稀有，称之为殊胜”。打坐，就是这样一种稀有，对人生起超绝作用的方法，帮助我们去发现，去开发上天赐予我们的宝藏，让我们成为人生的富有者。

马学生

2021 年 5 月于中山

（本文作者是马老师一位不愿透露姓名的学生）

目　录

前　言

寻根、修行、分享，活出生命的意义

我的英文名是 Alexander Ma，跟我学习情绪管理、Alex 打坐法的朋友称我为马老师。

重庆出生。1949 年，襁褓中，随父母迁居台湾。当时像我们这种从大陆过去的，被台湾当地人称为“外省人”。年少在台湾学习成长过程中，虽然知道自己是“客作他乡”，但因为同学们都是从大陆来的，军人子弟，知根知底，情同家乡人，也就没有什么不一样的感受。

二十来岁时，我离开学校进入社会，开始创业经商，从事国际贸易生意。一次到台湾中部地区造访工厂，下订单找代工生产时，因为不会说台湾话（闽南语），而屡遭冷漠歧视，情况严重到影响工作进展，让我觉得这是异乡作客，不是久留之处。

这是我第一次产生“寻根”的强烈感受。

1977 年机缘到来，我带着全家仅有的 2700 美元，义无反顾地携妻及年仅 8 个月大的女儿移民美国。我不会说英语，没有文凭，没有工作经验，更没有人际关系，就这样开始生命中第二次“寻根”的移民生活。远渡重洋，异国他乡立足，赚钱养家糊口，其中艰辛可想而知，历经所有第一代移民的辛酸苦辣。凭借胆识、毅力、吃苦和背水一战精神，创建礼服品牌 Emily Ma，以及开展房地产生意，几年后，业务逐渐站稳市场。目前业务遍及美国东、西部，印度以及中国各地等。

2000 年，我回国，在深圳投资扩展事业，毕竟中国是我的家我的根。当年离开时还在襁褓中，现再踏上祖国土地，抑制不住内心的激动，跪在天安门广场的水泥地上，低头轻吻这块土地。

话说，我当年在台湾受歧视排挤时，因挫折而萌发想探索“什么是生命的意义？”开始涉猎道家文化，尝试打坐经验，虽然传统打坐的方法并没有带来效果，但是发现自己非常喜欢打坐。

大约半年后，无意中读到一本印度瑜伽书籍，深信人类的意念力量强大。我深受启发，开始用“念力”重新摸索打坐，几经尝试，终于研创出“Alex 打坐法”（现已获得国家专利认证），并证到拙火，打通了任督二脉、中脉，证得三摩地（意指乐、明、无念），后来还结合早年证到的明心见性般若智慧，以及藏传根本上师处学证得的光明（佛性）。

就凭着这套独特的打坐法，加上每日修心养性的实践，我克服了不良习性及负面情绪，五十多年如一日。尤其在美国创业拼搏奋斗的征途中，一路披荆斩棘，克服各种艰难，收获满足的人生。

我曾说，修行满足了我物质生活，也满足了我精神生活。

2014 年我到北京拓展礼服生意时，感受到周边年轻人因生活压力大而内心困惑迷茫，便激发了我的强烈意愿，开始分享自己五十多年来打坐、调气养生保健及修心驯服情绪的经验及成效，帮助大家克服情绪困扰，提升生活品质。

我的这一套情绪管理体系，可以称为“减压静心，超越身心之道”，自公开以来，因方法独特，简单易行，并充分应用了中国传统文化的精髓，尤其是道家养生的气、佛家的治心及群经之首的《易经》智慧，效果显著，助益万人克服或优化情绪问题，活出了生命的意义和方向。

当下，在西方物质文明充分发展并提高了人类的生活水平后，继往开来的应是东方的心学、元气、易经等智慧，或许有助于突破人类心理问题及提升精神文明。这应是必然趋势，也是人类应有的未来。

寻根、修行、分享，我活出了生命的意义。下面愿与大家分享。

第一章

治愈情绪障碍，刻不容缓

情绪从何而来

一位好朋友，是美国知名心理医生，一次打高尔夫球时，我和他探讨情绪话题，他说：“心理学医生往往解决不了自己心理问题。”后来，我又接触到一位大学心理学教授，她说：心理学解决不了心理上的实质问题。而她自己也正在各处寻找新方法，帮助平静自己的内心，找回心的归属感。

如果心理学专家都解决不了自己的心理问题，那么什么才是解决情绪的方法?

这正是本书重点探讨的问题，希望对读者能有所增益。

什么是情绪?它是一个人对外界信息、状态、刺激，而产生的内在想法及感受，但是往往对同样的一件事情，不同的人会有不同的反应。

从科学的角度看，情绪产生于大脑的边缘系统，是本能对周遭环境的反应，且因人而异表现出各自内在的感受。情绪是本能的反应，其速度比理智、逻辑思维要快，俗称冲动行为。

而情绪又往往是驱使造成行为的内在力量，这就是为什么往往在情绪的驱使、控制下，人容易做出不理智的行为。所以，要管理情绪，提高情商，让智慧指导言行，而不是被情绪控制。一颗心有着被驯服的情绪，更容易获得人生成功。反之，则易因情绪不稳定，给自己的工作事业、感情生活、孩子教育、身体健康等带来很多痛苦。

而要了解情绪，就要首先了解情绪从何而来。

情绪的由来可分为下列三方面。

第一，外在因素。外在因素包含突发事件，比如家庭变故、婚姻变化以及工作上的困难等种种让人不高兴的事情，又或者突发事件引起的身体意外等，都属于突发事件。而这所有的突发事件里还包括很多琐碎的事情，例如在办公室被领导责骂；一起进公司的同事升职了而你还在原地打转，让你产生嫉妒心、嗔心、自卑心而造成情绪上的困扰。

第二，自然因素。自然因素包括自然界和环境的因素。比如今天好不容易出门了，却碰到不好的天气，心里就烦。而如果是艳阳天心情自然明媚。冬天一到，天寒地冻，心里也烦。在北欧很多国家，冬天的时间特别长，加上干冷的天气，自然让人产生抑郁的感觉。同样受困扰的也可以是因为生理期，尤其女性朋友到了更年期，常常是力不从心、心不自主，自己都控制不了这种情绪。当然，每个女性都有生理期，每个男性其实也有周期性的高潮、低潮，这些都是很自然的现象。

自然因素当中的环境因素有生活环境、交友环境、工作环境等。如果我们生活在一个杂乱无章、密闭的空间里，情绪一定是闭塞的；或者身边缺乏正能量的朋友，多是爱抱怨、指责、态度消极的朋友，也会直接影响我们的情绪。环境太嘈杂，或者你认为太寂寞，也会对人的情绪产生影响。一般来讲，很多西方国家的人都喜欢找一个比较安静、空气好的地方居住。上班可能是在嘈杂的地方，可是下班了，都希望在郊区走走，最好看不到多少人，安安静静的。我记得有一次看电视，看到正在采访一位中国的名人，他说周末去了德国，最大的感想是好风、好水、好寂寞。我相信你们都听过这句话。主持人请他解释。他说在德国，一到周末，根本就看不到人，街上连一只狗都看不到，非常安静。因此，不同国家的人，文化习惯不一样，人心理层面的感受不一样，造成的情绪也不一样，这就是环境因素。

以上所讲的外在因素、自然环境的困扰，常常会互为因果，让我们心里产生交错复杂的感受。但以上所有这些，都只是外在因素的一部分而已。其实任何一点点事情都可以造成我们心里的波动，产生不快，产生难受。

第三，内在因素。我们之所以有情绪，除了外在因素，还有更重要的，是我们的自身因素，也就是我们的身、心，造成了情绪，给我们带来了痛苦。

我们先谈一谈身体的方面。很明显，一旦身体出现伤痛，你自然会痛苦，情绪自然就不好，这些都是可以简单理解的。如果有先天性的疾病，或者后天性的疾病，或临时产生的种种其他疾病，就会给我们带来情绪上的困扰。比如，你的气血不好，常常会虚弱无力，或是头痛，或是失眠，因为当身体五脏六腑中的气血失调，自然会诱发种种情绪问题，这都是身体给我们带来的痛苦。前面我提到过，绝大多数女性朋友都会有生理低潮或者更年期，继之产生情绪上的问题。当然男性朋友也有，但发生的可能性相对低，症状也相对轻一点。身体不适会给我们造成情绪问题，有的时候却会慢慢发展成情绪影响身体的运作，带来痛苦。尤其是胃病，开始时往往是因为情绪影响到血气，导致胃部受累。情绪把我们本是顺畅的气血打乱了，久而久之就会影响到胃部功能，从而诱发胃病。这些一个接一个的影响是不良的连锁反应。情绪跟身体，身体跟情绪，互为因果，互相作用，而这种互为因果所产生的困难，常常会变成恶性循环。

通俗来讲，身体因为不舒服而产生了情绪，而这个情绪没有被及时克制下来，反过来会对我们的身体造成伤害。比如你长期生气、恼怒，胃、肝便开始反抗而出现问题，如果没有及时把肝的功能调节过来，之后会让我们更容易生气。因此，肝功能不好的人容易生气，生气的人容易出现肝功能不好，这就是互为因果。很多女性常见的肿瘤疾病，如乳腺癌，就是因为进入了上面所说的恶性循环导致的。当然，如果我们能够尽早发现并打破这个恶性循环，就会对身心产生很大的帮助。这一点，请大家必须了解。要把这个问题解开，最好是从心、身两方面同时着手。

以上介绍了身体给我们带来的情绪问题，接下来介绍心带来的情绪问题。心带来的情绪问题，分很多方面。如知见错误，我们对事情本身的认知、理解出错了，很可能给自己带来痛苦。举个例子，你给朋友发微信，而朋友迟迟未回复，你可能理解为：这位朋友对我有意见，没把我放在眼里。你的情绪会是什么反应？你感到愤怒，不愉快。你也可能理解为：朋友正在忙，没有时间看我的微信，或者看后忘记回复了。你的情绪会是什么反应？平和。一旦理解清楚这件事情，把事情说明白了，知见一打开，你马上就会恢复快乐。这是心带给我们的情绪作用。

还有一点非常关键，心给我们带来了习性。在遇到不同情况时，这个习性往往会突然爆发出来，诱发情绪问题。为什么有的人碰到同样的情形不会爆发，而有的人偏偏会呢？因为我们本身有不同的习性，这就是所谓的心。如果不从心的习性、根本上彻底解决自己的情绪问题，那只是拿石头压草而已。你把石头搬开了，春风吹又生，毛病又会回来的。心是我们情绪的根本所在，而且很多身体上的疾病，不管是先天的还是后天的，都和我们的心息息相关。有些习性问题是我们出生就带来的，这些问题是根本上的问题。如果要彻头彻尾地解决这种情绪问题，不能头痛医头、脚痛医脚，一定要把你的心、身结合起来一起打造。很多长时间累积的病痛，如抑郁症，要全方位全天候一起来疗愈。不论是利用身、心，还是知见、智慧等，才能彻底根治病痛。我将在后面把心说得更透彻明白。

综上，内在因素，与产生情绪的身、心，都是互为因果的，常常会形成恶性循环。如果不及时调整过来，我们整个工作、生活都会受负面影响，甚至造成终身遗憾。反之，如果我们打破这个恶性循环，开始从心、身上下功夫，让身好了帮助心，让心好了帮助身，最后就会形成良性循环，身心愉悦，日子将变得更有意义，人生也会更有方向。

情绪对身心的影响及原由

情绪本身不是问题，但如果没有及时加以驯服管理，它将成为生命痛苦的陷阱。

随着社会进步，人与人之间的交流越加频繁，生活节奏加快，压力逼人；网络发达，信息爆炸，诱惑攀比，人们容易陷入困惑迷茫。人类“智慧范畴”的精神文明受到前所未有的考验。虽然物质文明提升了进步了，但并没有消弭精神情绪上的痛苦。反而，因情绪问题造成失眠、焦虑不安、抑郁成疾等，生活品质下降。首当其冲的是女性白领精英，因长期情绪压力困扰，造成心血管、呼吸、消化系统、内分泌系统等方面的气血失衡，及月经紊乱、乳腺增生、乳腺癌等疾病。无论是西方医学或是中国传统医学，都一致认为情绪是致病的主要因素之一。

分享一个经典实验——温水煮青蛙。把一只青蛙放在开水里，它会“砰”一下，马上跳出来。但把它放在温水里，它会很舒服，游啊游啊，很自在。你慢慢升高水温，它还会适应加温后的水。可是，当水的温度到达一个相当高的程度，青蛙开始有反应，想要逃脱时，却发现因为在温水里泡的时间太久，已经没有了力量，力不从心，最后只好成为熟透的青蛙。

情绪问题有如温水煮青蛙，开始人们完全不认为是问题，因为人人都会碰到。但是久而久之，情绪问题造成自身伤害时，一切可能为时已晚，甚至回天乏术。因为在家庭、事业、生活上承受着压力，感到委屈、内疚自责、挫折烦恼、自生闷气、抑郁恼怒等，这些情绪常年累月没有得到有效的驯服。

就性别、年龄而言，男性容易因好胜、劳累、多怒而患病；女性常因多虑多愁、抑郁悲伤而生病；老年人也容易因气血衰弱、空虚寂寞孤独、抑郁悲伤、思虑而伤身体，甚至痛苦厌世；孩子容易因惊吓、恐惧产生情绪，导致逃避心理。就个性而言，外向的人因易怒生气而耗神伤肝、损伤身体，内向的人往往因多虑、害怕、自卑、悲哀、自疚自责而抑郁。

为什么情绪会伤害身体?

因为负面情绪会破坏体内气及血脉的正常循环，如果长期下去，将严重造成身体的诸多不良反应，如抑郁、焦躁、失眠、头痛、胃肠障碍、风湿、肿瘤等。《黄帝内经》云：“百病生于气也，怒者气上，喜者气缓，悲者气结……”因此，预防保养须从情绪管理的“气”开始：心定则气顺，气顺则血畅，气顺血畅则百病消。积极乐观的心情是“气足”，能增强人体免疫力，使人精力充沛、思维敏捷，有利于智慧地认识事物，分析和解决问题。反之，情绪消极“气弱”时，身心乏力，智慧不周，看待问题易偏执。身体健康会直接成为事业生活失败的原因。因此，“气”是造成情绪、身体健康的关键原由及疗愈工具。

什么是“气”？中医认为：气是万事万物的根本，是构成人体最基本的元素，也是维持人体生命活动的最基本物质。人体之气分先天之气与后天之气。先天之气是从父母那里带来，即自己天生的。婴儿诞生后，先天之气在体内运作，同时，开始呼吸空气及摄入食物水谷之气，这便是后天之气。气茁壮充盛，带着我们发育成长。《医门法律·先哲格言》云：“人之生死由乎气。”因此“气”，即“元气”或“真气”，是维持人体生命活动最基本要素，是克服情绪障碍的必要及关键性工具，也是本书论述之重点精华。

气是中国医学的重中之重，但是千年来并未被很好地发扬光大，遗憾地造成中医文化远低于应有地位，未能帮助人类增进福祉。其中原因，我认为主要还是传统的练习方法比较困难复杂，收效不张等。我经过多年摸索而研创的“Alex 打坐法”简单易学，“气”的效果显著，常有立竿见影之助，尤其时有不可言喻的，因“气”而获得的殊胜身心感受。众多的实例已经证明“Alex 打坐法”助益无数国人改善身体健康，解决心理情绪问题，充分发挥及证实中国医学“气学”的博大精深。

过去几个世纪以来，西方物质文明层面的文化科学造就了人类社会的进步及物质的极大丰富，但精神心理健康层面上，东方的智慧，及配合中国医学的“气”“元气”“真气”等文化，也大大有助于解决人类的精神心理健康问题。

西方的科学研究已实证东方智慧对人类健康的卓越功效。2009 年诺贝尔生理学或医学奖获奖者伊莉莎白·布雷克本博士（Dr. Elizabeth Blackburn），在她的著作《端粒效应》中谈到人类衰老的原因以及如何克服老化的过程。

一、人会衰老的原因

1. 正常细胞新陈代谢因为“端粒效应”而衰老。

细胞如果不断地更新分裂，人类能保持生命力旺盛，可我们为什么会衰老？为什么有的人衰老得比较慢，有的人比较快？其中的原因，是因为“端粒”。什么是端粒？人的细胞好像是一条鞋带，鞋带的两头有鞋带头，这就是端粒。细胞一生之中能够分裂 50 ~ 60 次，每一次分裂以后，端粒会慢慢变短，直到失效。因此我们会衰老——皮肤老化、五脏功能开始衰退，出现白发、骨头老化、认知能力下降，甚至老年痴呆等。端粒变短及失效的过程有长有短，导致有的人变老慢，有的人变老快。端粒越长的人越年轻、健康，端粒越短的越易衰老、患病的风险也越大。

能促进端粒生长、变长的元素叫“端粒酶”，它可以帮助我们更加年轻健康。布雷克本博士强调，人体应该依靠自身产生端粒酶，不应该从外界摄取，因为可能会导致其他细胞的恶性分裂，甚至可能会导致癌症。

2．导致人体端粒酶下降，端粒变短的原因

（1）长期生活在压力之中会造成端粒变短及衰退，导致身体衰老。但是，如果能够很好地处理压力，就不会因为压力而造成很大问题。也就是说，生活压力是否造成伤害，取决于个人如何处理压力，如何管理情绪。

（2）消极悲观容易造成衰老。

（3）敏感疑虑、多愁善感、胡思乱想，容易造成心情复杂而自寻烦恼、痛苦。这些痛苦都是造成端粒变短，人体老化的原因。

（4）布雷克本博士强调，使人老化最大的因素是抑郁。抑郁时间越长，端粒长度越短。

然而，端粒也能够变长而恢复功能。

二、如何使端粒变长从而延缓老化

布雷克本博士用实验证明，禅定冥想可以增加端粒的长度，促进细胞新陈代谢，使人变得更年轻健康。在布雷克本博士为期两个月实验中，一批人每天打坐 12 分钟，结果发现他们的端粒明显变长，端粒酶增加，活性变强。其他方法，例如从观察者视角观察情绪，关注当下目标，保持愉悦心情等，也能增加端粒长度。

从事西方科学研究的布雷克本博士运用东方文化的禅定冥想，证明了“端粒酶”能够保持细胞新陈代谢顺畅，迟缓身体老化。相比之下，中国传统医学之“元气”智慧更是两千年前已被载入《黄帝内经》：“恬淡虚无，真气从之；精神内守，病安从来。”禅定冥想中的精神内守，使内心平静，人体真气自然生发，心定气顺则百病消。

传统“元气法”是透过禅定、拙火等复杂的修练运用，行之不易难得成效，因此未能被普及宏扬。而本书中的 ALEX 打坐法及情绪管理体是笔者穷 50 余年，经深研学习，独特创新之方法，完全克服传统方法的困难，简单易懂易学。读者只要用毅力坚持，成功只是时间问题而已。在这打坐法之外，更介绍了人体生理及精神心理全面养身修心，克服身心问题之智慧方法。

摆脱情绪的方法

“Alex 情绪管理体系”这些年来产生较好的效果，主要表现之一是克服失眠问题。对于 Alex 情绪管理而言，失眠问题是较简单的，有时仅需一堂课、两个小时，就可以解决或改善。这套情绪管理体系在克服抑郁、焦虑、恐惧等各种精神问题上效果也明显。在近期开展的 Alex 情绪管理疗愈抑郁、焦虑症项目中，仅疗愈项目开始的第一个月，就达到 100% 有效，有很大部分参与疗愈的志愿者在一个月内，抑郁和焦虑水平恢复到了正常水平，但在此前有的人患了 20 多年的顽固抑郁、焦虑症，中药西药都试过，没有什么效果，可见这套体系在情绪管理及疗愈上的高效性。

情绪问题目前是全世界比较棘手的难题，我认为，其中原因是没有准确深入地抓住问题的根本和缺乏有效的治疗方法。情绪是心理、精神范畴，因此必须从人性、心性着手，从而获得智慧，否则无法克服精神层面的心理问题。

一、从根本处入手

Alex 情绪管理体系从根源处入手改善情绪，略述如下。

1. 情绪的困扰是心理、精神范畴问题，应从心开始，了解什么是心，什么是人性，为什么会产生情绪。而在心性学方面，我认为较深入及彻底的体系是佛教的心性智学，说明白了心性、人性，阐述了人类痛苦的原因都因智慧的缺乏而造成。

2. 顺藤摸瓜，要解决心的问题，必须要理解心是住在人的身体里，而身体是受到元气（俗称身体气血中的气）的系统运作功能的影响。元气，是万事万物的根源。因此中医说人类疾病，100% 是因为体内元气的不足、失调造成，无论是心气、肺气、肝气、肾气等的混乱，也就是气血失调、不畅、不旺。因此，应先强身健体，才能够治心。事实上，很多情绪问题，也是因为生理原因造成，生理和心理相互作用，也互为因果。所以，在情绪根源的问题上，既需要了解心学，也需要了解元气。

3. 多年经验证明，Alex 情绪管理体系的精髓是身心正能量法：元气打坐法产生定力及“空、乐磁场”，可立竿见影地克服、优化当下情绪，是培养身体健康的根本工具、方法。而这根本方法与已经在西方被重视并且普及的冥想法迥然有别。西方较常见的冥想方法并未深入地应用定力及元气的深度结合，造就“空、乐磁场”。而这“空、乐磁场”是立竿见影克服情绪的威猛、特效力量，是 Alex 情绪管理体系的核心价值之一。

综合上述，智、心、身三者结合相互作用优化后，智慧圆融，才能打开心结，找到身心愉悦自在，彻底克服情绪问题。

二、六个实践方法

基于以上理论三原则，需要配合下列六个实践方法。

1. 智慧学习法：无智慧是痛苦烦恼之根，有智慧是成功幸福之本。智慧包括真理智慧（易经、道家的元气养身和佛家心性智学）、醒觉智慧（明心见性，破执着，除情困）、教育知识（专业知识、社会道德、人伦关系）、优化运用（学习优化、基本常识、个性）。

2. 身心正能量法：助身体健康，安心立命之本，幸福成就之源。包括 Alex 打坐法、元气身心按摩洗涤法、其他身心正能量法

3. 观心 / 守丹田法：陪着、守着自己的心，觉知当下的念头、行为、情绪以及情绪后面的起因，让情绪管理及疗愈生活化，时刻自省、察觉情绪变化，及时驯服拂拭，断除空虚寂寞。

4. 知见优化法：有效有技巧，努力不懈地逐个击破错误知见、不良习性及负面情绪，如抑郁焦燥、自卑自责、恐惧

害怕、嫉妒贪婪、自大易怒、敏感多疑、自私自利、睡眠困扰等等。

5. 做自己法：认识自己，接受自己，优化自己，成为自信强大、愉悦满足、有理想、有抱负的自己。

6. 集福益人法：厚德载物打造福报。造就良性循环的积极生活原动力及生命热忱。

Alex 情绪管理法，其理论原理体系，是从根本的人性及智慧着眼。而实践疗愈，是从身体的根本即元气着手，理论与实践二者相辅相成，智慧圆融，疗愈体系混然天成，效果显著。多年来，无数实例已经证明它有效、成功地帮助很多朋友脱离、走出情绪痛苦的困扰生活，找回了享受生命的美好价值。

快乐幸福，痛苦焦躁皆因情绪。

成功自在，平静满足必须智慧。

第二章

消除负能量，需要减压静心

从生活的动态找回身心的静态

打坐修行，克服贪、嗔、痴等负面情绪。优化自己，方能获得大智慧。

究竟什么是打坐？我认为最简单的解释就是一个字——“静”，帮助我们从日常“动”的生活状态之中平静下来。我们的生活一直处于“动”的状态，如走路散步、运动锻炼、工作劳动、日常起居等，始终在动，这是身体层面的动。而我们平常在思考问题时，常常担忧、害怕、紧张、生气或兴奋、得意，思维都在不停地运转，这个是心层面的动。

心层面的动，从未停止一刻。这种心上的动，如果是高兴还好，可如果是担忧、害怕、紧张、生气等负面情绪，就容易给身体带来不好的影响。比如上班族常说办公室压力太大，情绪很紧张。又如女性朋友想得太多，早上担忧，晚上继续担忧，所有的思虑和负能量都积压在大脑，经年累月，就容易产生所谓的头晕头痛、失眠健忘，严重的造成乳腺或宫颈疾病。男性朋友，工作压力大，首先受到伤害的往往是胃部。一些经商的朋友常说："99% 的生意人都有胃病。"为什么呢？一言以蔽之，工作压力大，饮食不规律，胃病就找上门来了。这便是思虑过度产生负面情绪而伤害身心。

中国绵延几千年的传统文化中有道家提倡的打坐，又称静坐，也有佛家推崇的禅坐等各种不同派别，其中禅宗更是强调打坐，他们把这种打坐修行叫做禅修。殊途同归，都是希望人们通过练习能够静下心来。传统的方法是：采取正确的姿势，观呼吸，慢慢静下来。从生活的动态中找回身心的静态后，身体机能尽可能地恢复到最初健康的状态，甚至回到婴儿时的状态，这对身体保健有相当重要的意义。当然，我们不能否定动也有动的好处。

欧美人也慢慢学会东方人的打坐，打坐在欧美被称为冥想（Meditation），在使用上更广泛，把精髓发扬得更好。这其中一个原因在于，欧美现处于产业大调整的时代，人们压力非常大。在美国华尔街、硅谷，在不少创业基地以及世界 500 强企业中，一些管理者、政治家、企业精英为了让自己更好地应对和处理工作，更好地决策，都采用了很好的方式——通过静坐找到智慧，找回内心的平静，进而提升决策和创造性的智慧。因此在西方，打坐已经很流行了。响誉世界的投资金融家，全球最大的对冲基金——"桥水基金"的创始人瑞·达利欧从大学开始坚持打坐。他在畅销书《原则》中说：我一生都受益于打坐（冥想），因为打坐让我有一个平静而开放的头脑，让我思绪更清晰、更有创造力。在一次采访中，他说此生最有价值的投资就是打坐。在中国，传统文化也越来越受欢迎，备受重视，练习打坐的人也越来越多。

我接下来介绍的打坐方法，与传统打坐方法并不完全相同。传统打坐方法是靠随息、数息，观察自己的呼吸，定下来，然后静下来。而以我的经验和了解，传统方法收效甚微。50年前，我自己也尝试过，但没有成功，原因很简单，枯燥无味，没有感觉，没有效果。于是，经过长时间研究各家经典和摸索实践，我最终总结出一套行之有效的方法——Alex 打坐法。它跟传统打坐的道理是一样的，但使用的手段和方法不一样。Alex 打坐法最大的优势就是见效快，对于身体健康和心情舒展都非常有帮助。因为 Alex 打坐法采用意念导气方式，不仅有效解决了传统打坐法难以控制杂念的问题，更调动、激活了我们身体中的先天之气，使得气血平衡，身心恢复健康状态。Alex 打坐法的核心原理——意念导气法，直接利用我们生命根本的气，通过意念调动气来疏通身体，使得身体更易恢复健康。同时因为有气，打坐中更易入静、入定，更关键的是，气的作用就如同营养滋润一样，容易让身体有种愉悦、享受的感觉，让压力、抑郁、不安、焦虑、紧张等不愉快情绪，如雪片在阳光照射之下，很快融化掉，心情舒展开，让人喜欢上打坐。打坐修习者不再陷入枯坐，更易坚持，有兴趣而乐在其中。

为了让大家能够很快静下来，我采用了“导气”的方法（在后面会详细说明），这是Alex打坐法的精华之一。长期积压的思绪和在生活中产生的各种负面情绪，把我们身体中的气打乱了。中医学中尤为讲究的是阴阳气血中的气，Alex打坐法就是要在我们身上把这个气重新找回来，在找回的过程中有效地平抚思绪。打坐时最困难的是控制杂念。思绪一旦涌动，杂念纷飞，常常是万马奔腾，完全停不下来，甚至20年前别人欠你钱不还的憋屈，10年前被人痛骂的恼怒全部冒出来，让你更加静不下来，结果反而是让这些潮涌般的杂乱思绪不停困扰你自己。抓住了这个关键，Alex打坐法才如此立竿见影，它强调快速地找回气，把身体养好，让情绪静下来，很多练习的朋友都可以证明这一点，甚至很多学生都找到了丹田气的温度及力量，还有两位学生证到了三摩地，在传统打坐当中是非常罕见的。

下面，我给大家分享几个实际的例子。有一次看到朋友给我留言：“7月22日打坐第8天，早上又被梦境带醒。后来上坐，跟随马老师的声音，这一次意念散乱的现象少多了，而且真如马老师说的那样，感觉有股力量从头往下走，好舒服。手上的气往下走完，也有热乎乎的感觉出现，气走到腿时就不行了，应该是刚上坐没有调整好身体，导致腿麻、腿痛而无法继续坐下去。”因为他是刚学的，打坐才坚持到第 8 天，需要熬腿，出现以上腿麻、腿痛的症状是很正常的。

另一位朋友留言说：“本周打坐回到了起初，坐上不要乱想，意识放空，思维放空，把气带到丹田，用意念观丹田，放轻松；内观丹田，虽然还没有狗咬裤腿的感觉，但意念基本上都在丹田。丹田拙火比较稳定，全身放松，大脑意识在放空后专注于内观丹田。丹田渐渐有热烫的感觉，坐下丹田的热度也很强，身上已出现微汗。下周继续练习意识放空，内观丹田、意守丹田。”这位朋友已经开始练“定”了。练“定”是我常说的一个俗语，就像狗咬裤腿的感觉，咬住了，怎么甩都甩不掉，思绪就定在那个地方，杂念进不来。虽然他打坐的时间并不长，气、丹田拙火已经出来了，非常好。

再给大家分享一个感人的例子。一位朋友说：“我知道我的心和身体在起变化，心胸开阔了，遇事不再烦恼，学着观察自己的心，想着老师说的话，内心就会很自然地慢慢平静下来，身体一天比一天好转，干活也不再觉得力不从心。累了就放松、放空自己，很快就会恢复体力，工作的时候也越来越开心。每天听着马老师的智慧分享，从里面学到了很多东西，现在我不再迷茫，有了自己的目标。我知道这一次真正遇到了好老师。我觉得自己像是一颗种子，遇到了适宜的条件，要开始发芽成长了。感谢马老师，感恩遇到这么一位好老师。这是我坚持打坐快一个月最想说的话，今天终于鼓起勇气说出来了。”

打坐确实是一种非常有效的养生方式，这也是它薪火相传几千年的原因所在。有点可惜的是，这个老祖宗的文化并没有被充分利用好、发扬好。现在是强调经济的新时代，社会迅速发展，年轻人不知所措，为感情和婚姻所困，上班一族常常心浮气躁，商业精英、领导阶层更是压力重重。在这样的大背景下，打坐的好处愈发受到重视，被越来越多人利用，把这种优秀的传统文化传承好、发扬好、利用好，正是时候。

相随心生，激发静的力量

打坐所带来的静的力量，能够帮助我们放松不停运转的大脑思维，让紧张的神经得到有效的松弛，从而克服焦躁、恐惧、忧郁、烦闷等负面情绪。打坐不仅可以帮助我们激活气血，强壮身体，更重要的是可以调节身心平衡，达到放松，让我们自信地面对生活，同时找出自己的弱点，积极地面对人生，把人生过得更有活力、更有意义。

有一点我特别希望跟大家分享。为什么我们被称为人？因为我们具有眼、耳、鼻、舌、身（身体），还有意（意即心）。它们之间的关系又是怎样的呢？眼睛能够看，鼻子能够闻，耳朵能够听，心能够想，我们的身体里还有五脏六腑，再加上我们的记忆力，即今生的记忆体，就好像存放在电脑硬盘里面的芯片，这个记忆体就存放在我们的大脑里，最后由意（心）来决定眼、耳、鼻、舌、身的整体反应。

比如我在吃东西，是因为我的嘴巴在发挥功能，然后这种吃的行为反馈到大脑，大脑就会迅速反应，告诉你这个东西是甜的。在生活中，我们接触学习了大量的事物，大脑中的记忆体已经储存“什么是甜”的信息，一旦接收刺激，大脑就会马上有所反应，再通过中枢神经的作用，引导嘴巴说出“这是甜的”。

但是在打坐的过程中，入定到一个状态时，你的眼、耳、鼻、舌、身这五个功能（叫五识）全部跟你的心分开来，也就是你的心入定到某个境界的时候，只存下这个心的潜意识。在这种状态下，你记不起自己的名字，没有房间背景的概念，也没有颜色的概念，无嗅觉、听觉概念，你的记忆力全部没有了。为什么？因为你通过打坐真正入定了，把身上作为人的眼、耳、鼻、舌、身这五识的功能暂时关闭，只存在一个意识，就是心识。

心识有不同的层次，每个层次下心的状态各不相同。当你打坐到某种程度时，五识功能逐渐地暂时与心识分开，没有肉体的感觉，身体感觉空掉了。而你继续往下延伸定，又会到达另一个境界。在那个境界里，你能够放下所有，心如如不动地存在于某个地方，身体会有乐的感觉。在那个状态下，你的思维根本容不下任何杂念，那种感觉就像我打比喻的狗咬裤腿一样。你会真正感觉到自己的杂念像被狗咬住一样，再也进不来。这个时候，你就要坐定了。从这个定继续修习的话，又会到达另一种境界。这个是什么境界呢？就是《金刚经》里面说的“应无所住，而生其心”，即你的心在这个状态下已经不是停留在任何一个地方了，不像平时一样总是想这想那。很多人打坐修习的时候，都想要观一尊佛像，或者要定在身体的某个地方，这些都属于心有所住而住，而当你的心定到最深层境界里面，此时的心不住在任何一处，你没有了思维的能力，也没有了肉体的感觉，眼、耳、鼻、舌、身这五识功能暂时与心识分开。但这并不是说舌头、耳朵、鼻子等五识的功能都不行了，它们依然有能力，只是暂时和心识脱离开了，当下不会和我们的心识（即意识）产生联系、协调、交流等作用了，同时身心会产生很大的愉悦、满足、自在感。这就是《金刚经》里提及的“应无所住，而生其心”的境界，也就是佛教说的“三摩地”（Samadhi/Single Point Concentration）。

Alex 打坐法有它独特的深度，让我们有一个定力更好地优化自己，把身上的缺点、不好的习性全部优化掉，真正改变自己的命运。这就是所谓的“相随心生”，也是它的意义所在。那什么是相随心生？有的人说只要你改变自己的想法，帮助别人，多做好事，积极面对人生，命运就会转变，这并没有什么不对，但我们利用自己的气和定改变不好的习性，当习性被改变以后，才是彻彻底底的相随心生。

通过打坐，激发静的力量，做到相随心生，能让我们遇见更自信的自己，从而更好地转变命运，抓住命运，过有意义的人生。因此，不论你是男性还是女性，是上班族还是家庭主妇，是白领族还是学生族，学会打坐都至关重要。如果你是一位领导，不论是身处商界还是政界，更需要打坐的力量。

心一境性，身心合一

下面我想跟大家分享两个故事。

我有一位非常亲近的同门师兄弟菲利普·格拉斯（Philip Glass），他是简约音乐（Minimal Music）的创始人，在 20 世纪末被选为世界最具影响力的前 100 位名人之一。在一次聊天中，他说自己在构思与创作音乐期间常会去加拿大或者巴西的家，把自己关在家里独处。在创作的时候，他整个人会与音乐、环境融为一体，不仅如此，他还能够看到音乐，并不是说只听到音乐，或者只是把人融合在环境里面，而是他能够看见乐符，身体完全没有肉体的感觉。这时，他跟音乐合而为一，完全沉浸在无我、自在的状态中创造音乐，随着自己本身的气、当下的心情和思绪浮游在某个地方。

格拉斯是一个修行人，常年打坐。他所说的这种情形，说明他能够把自己的身体、心跟思绪完全合而为一，从而达到一种境界。他的身体在那个时候已经不是累赘，反而产生一种愉悦。

当然我要说清楚，这个时候心跟身的合而为一，是“心一境性”（佛教专有名词）的境界之一。心一境性并不是只在打坐的佛教徒中才会出现，一般人通过打坐，也会到达这种境界。心一境性是一个非常殊胜的境界。

下面分享另一个小故事。我有一位好朋友，是哈佛大学哲学博士，现为夏威夷大学教授的成中英。在一次聊天中，他说有一次泡在夏威夷的海水里,突然间感觉自己的肉体不存在了，只是觉得自己本身就是海，海就是他，他的心与整个环境完全合而为一，没有身体的感觉，只有心浩浩大大的感觉，非常自在。成教授并不是佛教徒，也没有打坐的习惯，但他进入的这种境界，就是我前面给大家分析的心一境性的境界之一。

心一境性的境界，对于修行人来说是非常好的。一个打坐修习者，当他坐上达到心一境性后，往后在行、住、坐、卧中应该能达到某些程度的境界，就看他如何运用了。达到心一境性的境界，能够开阔我们的思维，打开我们的智慧，帮助我们把心量磁场做大。以后在应对事情的时候，我们大脑的力量自然更强大，能把事情看得更加清楚，能更有智慧地处理问题，不再慌张，不再紧张，不再害怕。这是打坐能够帮助我们达到的一个非常殊胜的境界，是难能可贵的。

如果你是一名艺术家，不论是音乐家还是画家，在音乐表演的时候，你跟你的音乐合为一体，你就是你的音乐，就是自己的小提琴或钢琴；在书画创作的时候，你就是你的画布、画纸，与其合而为一。你的行为、思绪、创作表现全部一气呵成，大自在且无所障碍。你怎么想，音乐就怎么走，笔就怎么落，这是一种何等殊胜的境界！在这种状态下，再把灵感集中，融入在这种境界里，可以生出更多创意。当这些创意恰好也与你平常的习性相呼应时，你的任何一点独具特色的想法都可以发挥得淋漓尽致。

我不是画家，也不是音乐家，但从我自己的经验出发，我能够理解。一些打坐的朋友也能够达到心一境性，都是通过长期打坐习得的。如果你是一个生意人，或是一个领导者，每天面临很大的压力，在做重大决策的时候，若能保持平静的心，把事情看清楚，作出的决定才会更有效、更有智慧。如果不打坐，一般人是难以体会心一境性的。

谈到这里，我想与大家分享另一个案例。2018 年 6 月 23 日下午，泰国北部清莱府一支名为“野猪”的少年足球队 12 名运动员结束训练后，在 1 名教练带领下进入森林公园拷龙洞穴群探险后，因突发暴雨被困在漆黑的山洞里，失踪整整十多天。设身处地想一想，换作你被困在漆黑的山洞里，没有食物，饥渴难耐，充满无奈、绝望，心情自然是恐惧、浮躁的，这是正常的条件反射。而这群年轻人一直坚持到全体获救，除了身体消瘦了一点，完全没有任何损伤。

这个事情受到全世界的关注，关注重点在于这群年轻人（小的只有十几岁，教练也不过 25 岁）能够在几乎没有光、没有食物，伴随恐惧不安的情况下在山洞中安然度过十多天。原来，这 12 名队员在教练的带领下，通过打坐坚持到救援来临。通过打坐把心静下来，自然而然地消除烦躁与惶恐，产生一种信心和满足感，身体气血运行、五脏六腑的功能慢慢得到平衡。在这种平静中，他们便能顺利地度过暗无天日的十多天。

为什么打坐能够达到这个效果？完全在于心，而这个心就是通过打坐的方式慢慢静下来，把所有不安、恐惧、无助都消去。我们常常情绪起伏不定，心烦意乱，最缺乏的就是放松和宁静满足。试想，如果把这种方式运用到实际生活中，能否找回我们以上最缺乏的东西？所以，打坐是帮助我们优化身心、突破自我的有效方式。而通过打坐，可以达到心一境性的境界，更好地帮助我们发挥自己的潜能，更智慧地应对与处理我们生活中面临的问题。

久定生慧

什么是智慧？在我看来，智慧分为两种，一种是专业知识，另一种是基本常识（common sense）。专业知识，即我们通过读书、学习而得到的知识及技能，比如医生需要医学方面的知识，飞行员需要飞行方面的知识，从事 IT 行业从业员必须在学校里掌握 IT 方面的知识等。开展工作的时候，除了要掌握专业知识，还得储备一定的基本常识，才能高效、正确、巧妙地应对各种问题。

倘若你是一名医生，有很好的医疗技术，但不知道如何与人相处、如何管理情绪、如何正确表达、如何呵护病人、如何应对所有的事情，那么我认为你的成功也是有限的。如果你同时具备应对事情的技巧，有了天生的创造力，有了基本常识，那你的成功是无止境的。道理就在这里。

一些白手起家的企业家，过去在学校读书时并不是学霸或者喜欢读书的人，在专业知识方面未必有过人之处。可当他们长大后，因为懂得为人处世的基本常识，往往能把事情处理得很好。

基本常识加上专业知识，结合在一起以后，我称之为智慧。前面已经强调，打坐可以帮助我们克服贪、嗔、痴，克服恐惧、嫉妒、烦心、躁动等负面情绪，然后我们的心就会自然培养智慧，而这些智慧就是我前面所提到的基本常识加上专业知识配合而成，可以帮助我们把事情做得更好、更完美。

智慧引导着我们成功，引导着我们快乐，而智慧中的基本常识是我们成功的必备因素。如何提升这种基本常识？如何克服我们的贪、嗔、痴，克服嫉妒、恐惧、忧郁等负面情绪？答案是打坐。不论你想要荣华富贵还是事业成功，或者当一名科学家、一名领导者等等，智慧是必须具备的。同时也因为打坐创造了智慧以及定的结果，才让我们真正达到心灵上的解脱、自在满足的境界。这是何等重要！

Alex 打坐法的特色是通过专业训练找到智慧来帮助我们成功，只有靠定才能很快地成就我们的智慧。Alex 打坐法非常强调气的运用。这个气就是中医学中提及的气血中的气，特指从父母亲那里带来的先天的元气。利用这个气，然后配合打坐的定，久定生慧，便能很快起效，而且非常扎实，这就是 Alex 打坐法殊胜的地方，也是让这么多打坐爱好者取得立竿见影成效的原因所在。

下面给大家分析一个著名的例子。美国苹果公司前CEO史蒂夫·乔布斯的办公室里有一个200平方米的空间，他在其自传里面提到，每当他面临重要抉择时，都会让自己置身在这个空旷的办公室里，坐在中间，把所有需要的文件、档案放在身边，开始打坐。当他进入定的沉思里，把心情平静下来后，大脑思维是最清晰的，没有任何恐惧、担忧、嫉妒等情绪打扰。这时他就开始做决定，引导自己下一步怎么投资、怎么抉择。著名的投资家沃伦·巴菲特，在每次做重大决定的时候，同样会寻找一个平静安宁的心境，让自己的心静下来，再做理性的投资决定。

现在是强调经济的时代，大家都面临着瞬息万变的市场。通过打坐先把心静下来，再做决定，这无疑变成上班族必备的一个工作方法。可以看到，现在欧美国家的不少人，尤其是经常需要做决策的精英、领导者，常常用打坐的方式把心静下来，再做理性的分析，这样做出的决定往往更高效、科学。

我希望大家能够明白，气和定对产生智慧是何等重要。只要你下功夫练习，就能体会：久定生慧！

第三章

Alex打坐法，感受气定结合的愉悦

为何选择Alex打坐法

一、打坐之前先认识什么是气

也许有的人会认为，打坐是一项非常乏味、很难集中精神，且看不到实际效果的活动。Alex 打坐法很好地克服了这些问题，才让更多打坐者快速收效，并长久练习下去。能解决这些问题，最重要的是因为 Alex 打坐法的核心是强调对气的调动运用。气是 Alex 打坐法的根本。我常常比喻“打坐没有气，就像婚姻没有爱情”，枯燥、乏味、浪费时间。接下来，在介绍 Alex 打坐法之前，我希望先跟大家分析一下什么是气。

气是构成人体最基本的元素，也是维持人生命活动的最基本物质。人体的气源于身体中先天之气、后天摄取的水谷之气与自然界的清气，因此可分为先天之气和后天之气。先天之气是从父母那里带来的，由父母的精气结合而成。我们还是胎儿时，在妈妈肚子里就靠这个气维持生命以及成长。我们诞生后，这个气在身体里运作，同时，我们开始呼吸空气，吸收食物等人体需要的各种营养物质。而吸入的空气和摄入的食物的水谷之气，便是后天之气。简单来说，出生后，先天之气（从父母那带来的气）和后天之气（我们从空气中吸入的自然空气，从吃的食物中吸收的水谷之气）一起在我们的身体里运作，这个气开始茁壮充盛，带着我们发育成长。

另外再补充一些重要的气的知识。

第一，气是构成世界最基本的元素，宇宙间的一切事物都是由气或者相关的磁场运转变化而产生的。《周易·系辞下传》中说“天地絪缊，万物化醇”，天地二气交合，万物感应化生，说明气是造就宇宙的基本元素。

第二，气是构成人体的最基本物质。《素问·宝命全形论》提及“人以天地之气生，四时之法成”“天地合气，命之曰人”。人是自然界的产物，也就是天地之气的产物，气是构成人体最基本的物质基础。因此，《医门法律》中有“气聚则形成，气散则形亡”一说。

第三，气是维持人体生命活动的最基本物质。人的生命活动需要从天地之气中汲取养分，以养阴阳，让身体的五脏六腑等得以维持生理活动。天为人们提供呼吸的空气，由鼻进入身体；地为人们提供水和食物等营养物质，由口进入身体；而食物等也由气化生，其根本也是气。天地之气进入人体后，在人体内通过气化作用，转化成人体的生命物质和生命机能。气是维持我们生命活动的根本物质，《医门法律》中提及：“人之生死由乎气。”

中医认为，气为血之帅，血为气之母。这里需要给大家分析一下气的作用。在中医基础理论中，气的主要生理作用有以下六个方面。

第一个是推动作用。气可以促进人体生长发育，激发五脏六腑器官的功能，推动经络运行、血液循环、津液输布以及排泄等。“气为血之帅”，就是说明气的推动作用，血随着气的推动而运行，气升则血跟着升，气降则血跟着降，气如果凝滞，血也随之凝滞。而相对应的，血载气行，因而“血为气之母”。

第二个是温煦作用。气在运转过程中产生热量，温煦人体。气是人体热量的来源，依靠气的温煦来维持与调节人体正常的体温；各脏腑器官、经络等也要在气的温煦下才能进行正常的生理活动；血和津液等液态物质需要有相应的体温，才能确保正常的循环、输布。

第三个是防御作用。气有护卫肌肤，防御、抵抗邪气，以及修复机体的功能。一方面，气可以抵御外邪的入侵，比如它可以抵御外感风邪通过肌肤进入你的体内，避免感冒等疾病，起到很好的防御作用。另一方面，气还可以驱邪外出，如果邪气入侵而产生疾病，机体的正气会与之抗争，排出邪气，同时修复因邪气入侵而受损虚弱的机体。《黄帝内经·素问》记载：

“正气存内，邪不可干；邪之所凑，其气必虚。”说明了气的防御及充实的重要性。我们身体内的正气强弱，决定着我们抵抗疾病的能力，而气的盛衰，决定了正气的强弱。《黄帝内经》中“圣人不治已病治未病”，意即通过调和强化我们的正气，抵抗邪气，防御保健身体。

第四个是固摄作用。气的固摄作用主要是指气对血、津液、精液等液态物质具有顾护统摄和控制作用，防止其无故流失。简单来说，既可以保持五脏六腑相对稳定，也可以让我们的血液、汗液、排泄分泌物等不随便流失。

第五个是很重要的气化作用。气化是指通过气的运动循环，让人体产生各种正常的变化。具体而言，指气具有促进脏腑功能活动，促进精、气、血、津液等各自的新陈代谢及其相互转化的功能。其中有各种形态的互相转化，如我们吃的食物，转化成体内的营养，转化成血液，以及气本身的强化及相互变化转换等等，都是通过气化作用。简单来说，即通过气的运动变化，让人体内的各种物质机能可以正常运作。

人体的气化运动存在于生命过程的始终，是生命活动的基本方式，因此没有气化活动就没有生命过程。需要特别强调的是，气化过程就是物质的转化和能量的转化过程，这句话的意义也就像我们常说的，人类是一个大磁场。在打坐的后期，当我们超过三摩地的境界时，这个气会跟着我们的身心与宇宙合一。那是另外一个意义深远的境界，就是要靠气化作用。

第六个是营养作用，指气为人体脏腑各项功能活动提供营养的作用，如滋养肌肤、骨骼、肌肉、五脏六腑等，为人体生命活动提供养分。

这些人类生命文明对养生保健最重要的智慧、方法，一直以来被我们老祖宗教导与流传着，可是未被后人发扬光大。其中原因有：（1）对于证得、修得、获得气，始终没有一套容易的练习方法，证悟之人亦日渐稀少。（2）虽然有少数修行人证得与拥有气，但他没有很好地传播开来，或者不愿意互惠广传分享。以致现今，这项博大精深的对人类的伟大贡献，依旧多停留在理论知识层面，对中国医学、科学，以至人工智能等文明没有发挥贡献，被荒废迄今。

仅愿 Alex 打坐法以帮助增进人类健康文明为念，在此利益社会大众，弘扬、传播、厚植国力，裨益众人。

二、气与人体的关系

前面给大家详细分析了什么是气，下面与大家谈一谈气与人体的关系，让大家对气有更深入的了解。

在胚胎时期，因为气的循环作用，我们通过脐带，在妈妈的肚子里吸收各种运输过来的养分，而出生后，能让我们生存下来的也是气。这里有一个重要的穴位在起作用，那就是百会穴。百会穴位于头顶正中心，是诸阳之汇，人体各经脉气都会经过此处。每个婴儿出生后，我们会发现他们头顶的百会穴是偏软的。诞生之际，医护人员会剪断我们与妈妈连接的脐带。这个脐带是妈妈身体里为我们输送养分，维持我们生命活动的通路。与妈妈分离后，这个脐带内缩形成的肚脐，也就是后面我们要讲述的丹田的位置。气和丹田非常重要，是我们生命的泉源。气之所以能够存在，能够在我们的身体里正常运作，与丹田密切相关。

与妈妈的身体分开后，气开始在我们的身体里自由运行，循环往复，畅通无阻。身体里的气脉都是通畅的，所以我们的手脚都是暖的，就像前面给大家介绍的，气有温煦人体的作用。有的人会问，为什么我们会手脚发凉？上了年纪的朋友及女性朋友们尤为如此。原因很简单，要么气虚，要么血亏。为什么会造成气血失调？主要原因之一是我们的思维和情绪，如紧张、害怕、生气等负面情绪都会把我们的气打乱。如果坐在某个地方，突然有人前来告诉你家里出了大事，你是不是也会马上吓一跳，手脚立刻发凉？因为你的气被恐惧情绪打乱了，无法顺利到达四肢，自然起不到温煦手脚的作用。为什么会首先出现手脚发凉？因为它们是离心脏最远的地方。

一些经常从事脑力活动、压力较大的朋友都有一个习惯，他们常常夜以继日地思考事情，担忧事情，让大脑思维活动不能停止。所有这些思虑、担忧的压力堆积在一起，就让大部分气都聚集在头部而不能疏散。这种情况是很正常的。但你早晚思虑，昨天、今天也在思虑，去年、今年同样在思虑，长此以往，气会全部堵在头上。道理就好比北京的 CBD（中央商务区），如果周边的车子统统涌进 CBD，而不回到原来的地方，那 CBD 的拥堵程度可想而知。气不能及时回到手脚或其他该去的地方，正如这些车不能及时回到该去的地方，那气堵塞也是必然的，会引来如失眠、紧张、免疫力低下、头痛等问题，身体各处开始受到损害。一旦把气调节好，你会发现很多疾病都可以克服。气对人体真的太重要了。比如你把食物吃进肚子里，没有气的帮助，食物都无法被消化吸收。

那该怎么把气激发出来呢？热爱运动的人会发现，每次运动完身体都很舒服，尤其是出了一身汗之后。为什么？因为运动的时候把气激发出来了，让人身心舒畅。但通过运动激发气，也只是维持两三个小时而已，当气血平稳之后，你的老问题又会出现。必须强调一下，运动刚结束时，气很旺盛，让人感觉很舒服，你不会烦恼了，也不会抑郁了。若不能把这个运动后产生的气保存起来，一旦耗散掉，你还是很快回到原来的样子。

打坐可以帮你长久保存这个气，只要你能够做到意到气到，便能很持久地保存气、调动与运用气来保健身体，甚至可以克服 70% 以上的普通疾病。气是 Alex 打坐法中的灵魂和精髓。

也许在这里我讲得还不够透彻，在后面的打坐实操介绍中会有更详细的关于气的阐述，希望能帮到大家。

三、气定结合的效果

下面希望给大家分享一些重要的信息，这些信息都由本人50多年的实修实证总结而得。希望经过我的分析，大家会真正感受到原来生命中有比任何事情、任何财富、任何名誉都重要而宝贵的东西，它会永远陪伴着大家，贯穿于生命的始终，而财富、名誉只是暂时的，如浮光掠影般。

言归正传，Alex打坐法的精髓就在于气，往后我还会分析得更详细。而这里我们重点要谈的是气与定结合，对我们生命所产生的影响是尤其深远的。

第一步，我们将气和定结合起来会产生很好的效果。那如何产生这个效果呢？这其中有一个很重要的步骤，叫做起丹田拙火。丹田的拙火起来后，即丹田的气培植起来后，这时我们可以给身体增加一股力量，也就是我们用自己的念力，用自己的气，配合正确的方法，将身体跟心灵重新打造，产生一个生力军。这个生力军要做的第一件事情，就是把我们身体上所有的气脉打通。打通气脉后的身体舒畅了，可以克服30%—70%甚至更多的疾病。这将是一个全新的观念，一个全新的人，也是进入人生一个更高境界的开始。所以，起拙火而把身上的气脉全部打通，这是形而下的事情，这是第一步。

第二步，由于气、拙火和定的作用，我们在坐垫上打坐时，身体会开始起一连串的反应。这些反应绝不是好像有热热的感觉，如果你说好像丹田热热的，那说明你还没有找到自己真正的气。真正的反应不是好像，而是你会明明白白、清清楚楚地知道有一股热气在身体里流动，而且它会跟随你的意念游走。如果真的到了那个地步，气会听你的话流动。还有一些感觉，如感觉不到自己的手、脚、身体，甚至头了，可是它们仍然真实地存在着。同时你也会感觉口水变得甘甜了，不是像吃糖的那种甜，有人称之为琼浆玉液。你还会感觉自己的身体好像有十层楼那么高，感觉到身体是腾空起来的……

当然，每个人的感觉都不一样，但最起码，气通畅之后，你会感觉不到自己的手、脚、身体了，完全是自在的状态，可以说五蕴皆空。这是实修实证中对五蕴皆空的理解之一。这仍然是在身体上形而下方面给大家带来的一个效果。

第三步，在我们对身体的认知感受有另一层提升的时候，我们对生命的看法也会有新的变化。因为气定结合所产生的那股能量，我们可以很平静地面对眼前的生活。不论是紧张还是痛苦，我们都会有一种全新的感受来面对一切，这个感受会帮你作出很好的决定。这个就是前面我给大家分析的，现在越来越多企业精英在高压状态下生活、工作而渴求把心平静下来，以便更冷静、理性地处理事情，从而引领人生的重要原因。

回想起 1977 年去美国的时候，我没有文凭，没有显赫的背景，连英文都不会讲，仅揣着 2700 美元便一路披荆斩棘奋斗下来。面对棘手的生意，不论是服装行业还是房地产行业，不论是做汽车零件还是做餐饮，包括遇到的财务困境、人事问题、经营障碍，凡此种种，我都一步一个脚印地走过来了。面对这一切艰难困苦，我是如何成功地熬过来的？其实就是靠气跟定的力量，是它一直帮助我走到今天，让我以一个中国生意人的社会身份在美国打下立足之地。

下面有一个更重要的事情要说明，如果要把下面这个效果完全说清楚，我想十个小时可能也做不到。现在，让我来给大家简明扼要地分析一下打坐、气、定所能带给我们的在形而上方面真正的好处。当你气定结合后，会逐渐达成一个目标，进入通称“三摩地”的境界。三摩地是打坐的一个境界，是不胜枚举的修行人从古到今所孜孜追求的，能够做到的人却少之又少。

进入三摩地境界后，你才能利用这个工具帮助自己克服生命根结的问题。生命根结的问题是什么？就是恐惧、嫉妒、贪心、嗔心等负面习性，这些就是造成我们痛苦的因素，因此必须要有三摩地的功力，才能真正克服这些问题，否则再怎么做，也只是在皮毛上做功。人们常说“江山易改，本性难移”，要想真正根除这些本性，三摩地的定力就必不可少。当你能把坐上三摩地的定力应用于坐下日常生活中，克服各种负面习性，直到逐渐坐下来也能达到三摩地并用它的力量帮助你把这些贪、嗔、痴、慢、疑等负面习性彻底根除时，才能得到永久的满足和永恒的幸福。

在气与定结合的期间，你会增加很多智慧，只要拥有智慧，你想做什么都可以实现。当你再往里一层层修行的时候，慢慢会没有了所谓的自卑感。为什么会没有自卑感？因为经过自己真正的实修，你会了解："噢，原来人的生命、人性就是这么一回事。"你会明明白白、清清楚楚知道如何经营自己的未来、经营好自己的家庭和事业。这些全部都是因为你有了智慧，看得更清楚，可以更有毅力地一步步往前走。

亲爱的读者，这才是生命真正的精髓。如果你愿意付出实际的精神、时间去修行，最后肯定都能得到满足，获得胜利，实现完美人生！

四、Alex 打坐法的与众不同之处

在介绍 Alex 打坐法的与众不同之处时，我先给大家分享一个小故事。

早前一位跟我学习打坐的朋友向我反馈心得。他说："我曾出家多年，从未体会如此简单、可直接入定的美妙方法，在

身心愉悦的同时，又能够心开意解，进入空性状态，启迪内心的生命密码，与整个虚空融为一体。感谢马老师，感恩！每天坚持打坐是我以后的必修课程。”这是打坐给他带来的实际效果，我收集了很多这一类的实例。

我 17 岁开始学习打坐，那时还是一个血气方刚的男孩，不喜欢读书，不是很喜欢外出玩耍，又很有自己的想法，个性十足。在这种情况下，我内心很想找到自己的方向。在一次偶然的机会下，不知道出于什么原因，我开始盘着腿打坐，没想到这一坐就是十多分钟，从此激起了我的兴趣，我开始喜欢上打坐。自第一次打坐后，我开始研读各种道家和佛家的书，学习传统观呼吸打坐法，同时用念佛的方法把思绪平静下来，不论是观佛像、随息数息，还是念咒，我全部都试过了，思绪还是不能克服。这是我第一次对于打坐的热切追求，从各方面进行探索，却以失败告终了。

为什么会失败？原因很简单，我找不到乐趣，没有效果，感到枯燥乏味。坐上去以后，平常不该有的想法全部都出来了，根本静不下来。失败后，我就把打坐的事情搁置下来了。直到一年多后，我偶然读到一本印度瑜伽的书。整本书不算厚，读完后，给我一个最大的启示：人的脑力、念力的力量是无穷的。这句话再结合以前我从书中所了解的所谓拙火和丹田之气，以及丹田之气可以通任督二脉、小周天等理论，我便将各家精髓方法结合在一起重新打坐。就这样，时隔一年多以后，我又开始上坐，用之前积累的知识再进行摸索。

我先用念力把身体中散乱的先天之气带回丹田。首先用意念轻轻地把我头上的气慢慢带下来，带到确认丹田位置，然后把气从双手带到丹田，接着用念力把双腿处的气带到丹田。我惊奇地发现，在这样带气的过程中我竟没有杂念，克服了大脑胡乱的思绪，心非常平静。以前如果你跟自己说不要去想，杂念反而更多；或是用随息数息去观呼吸，结果也是一样的，意念都用在了数呼吸上，大脑还是没能放松。这两者给我的感觉都是两个词——枯坐、乏味。这就是我 17 岁第一次尝试打坐失败的原因。现在我尝试着用意念带气的方法，发现真的可以感觉到这个气在听我的话，顺着我的念力逐步运行下来，进而到达丹田。

对于丹田的位置，各家各派的说法不一样，我都尝试过，最后用自己的基本常识去感应它的位置。因为我们从妈妈子宫里出来以后，跟妈妈最后一个连接的地方就是肚脐。就凭这一点，我慢慢找到了丹田的位置。因为我的思绪被念力带引而专注起来，没有胡思乱想，念力带领的气产生愉悦效果，不会枯燥乏味。我颇有耐心地一天一天去试，3 个月以后，我第一次感觉到自己丹田的位置有一股像火柴头燃烧的热气，那是一种明明白白、清清楚楚的感受，就在我的丹田燃烧起来。

我一辈子都忘不了那种喜悦，那是我这么多年来从来没有体验过的，是我生命中对此的第一个记忆，使我兴奋不已，给了我继续坐下去的信心。那一股热感，刚开始像火柴头那样，慢慢扩大成一个拳头大，然后继续增大，到后来打通了我的任督二脉、中脉，成就了我的三摩地，成就了我的事业。

1977 年，我去了美国，那时连英文都不会讲，和经理谈话的时候根本不知道用什么词，他说的我听不懂，我说的他也听不懂，只好用很生硬的英文，采用问答的方式来举行会议。这些艰难都是一步步熬过来的。有的人问我是如何熬过来的，其实我是用打坐的方法先把心静下来，让这种平静帮我找到智慧，找到最大的力量。我很清楚地记得如何运用打坐来处理工作中出现的问题。到美国以后，很多时候我都是同时经营两个以上行业，如服装、房地产这两个行业，都是从没有多少资金、没有文凭开始涉足的，一直坚持到今天。这中间的艰辛不用我说，相信大家都能想象得到。

我能够走到今天，不能说百分百，但百分之七八十都要归功于打坐。打坐给我带来了气，气帮助我保健养生；打坐给我带来了定，定跟气结合起来，帮助我克服内心的浮躁。

五、Alex 打坐法的殊胜原理

Alex 打坐法有其独特的核心原理和殊胜的地方。简单来讲，打坐就是一个字——静。可说起来简单，要真正静下来，第一需要时间，第二需要有合适的地方，第三还需要熬腿。最重要的是，我们已经习惯内心多动的日子。要静下来，不去想其他任何事情,这是多么困难啊！所有打坐的人都会面临杂念纷纷、精神不集中的问题，加上需要熬时间，没有效果，乏味枯燥，导致很少有打坐者能坚持下来。虽然说打坐的确有很多好处，可是能够突破这些困难的人已经很少，更别说要达到三摩地的境界了。

接下来我把原理分析清楚，大家了解后会非常有信心。Alex 打坐法的原理和传统打坐是一样的，但它殊胜的地方是较易克服杂念纷纷的困难，因为 Alex 打坐的核心原理之一是对念力（即意念）的运用，通过念力的力量将思绪集中控制起来，专注引导身体中的气，在此过程中，你已经没有时间去想其他事情，自然克服了胡思乱想。当把气从头上和双手分别带到丹田时，你会发现有立竿见影的效果，一则身体发热，二则唾液增多，三则开始排气、打嗝等。最重要的是，你会感觉到这个气真实地、热乎乎地跟着念力慢慢到达丹田。这个效果当然不是每个人都一样。因为你可以马上感觉得到效果，所以能克服杂念及枯燥无味的感觉，注意力集中，而且时间很快就过去了，你会很享受其中。

进一步来说，通过念力的专注训练帮助把丹田气培养纯熟后，气一旦跟你的定力结合起来，你会产生一种喜悦感。这种喜悦感让你重新对生命充满热情，同时气定结合直接产生智慧。正是因为这个气和定，你在坐上可以完全清除压力、烦躁、生气、抑郁、嫉妒和嗔恨的心。这些全部都消除了，处在一个心平气和的状态下，非常放松自在，智慧便自然而然由心而生。这是坐上定的状态，如果之后你能把坐上定的功夫运用在为人处世、事业、家庭上，定能有所成就。

一般来讲，谈气较多的是道家，当然佛教中的密宗也讲气，但密宗的气的最终效果不一样，是要求即生解脱，那是另外一个故事。谈到气，有的人会觉得玄乎其玄、高不可攀，而 Alex 打坐法会把这个气跟别的打坐方法所不一样的殊胜之处尽量讲清楚，你通过练习将可以切身体会到，不会有任何一点迷惑，而且没有任何宗教色彩。

有位出家有十多年的朋友听闻 Alex 打坐法后前来参加课程学习。他刚开始是持观望态度，就在他打坐十天后，便实实在在地看到了 Alex 打坐法殊胜的地方。他与大家的分享是："Alex 打坐法方法简单，收效却快。因为有气，能帮助快速入定，而且身心愉悦，空旷豁达，非常殊胜。"

打坐的目标都是一样的，静下心来，然后入定，接着产生智慧。Alex 打坐法融入了气的原理，从初阶就要求练习把身体元气激发起来，快速克服杂念，消除乏味枯燥，脑力集中，帮助调和身体不适，促进睡眠，让你不再心浮气躁，重燃对生命的热爱，从身体、心理、生活上帮助调整优化，取得实效。

气是 Alex 打坐法的关键所在。因为这一点独到之处可以使整个打坐变得更容易、更有意义，效果更明显。坚持一段时间，它能帮你找到人生的方向和力量，助你更积极地面对生活。

生命之源——丹田

如何利用丹田这个位置来运转、保存、促成我们的气？传统意义上的丹田，是中国道家一直强调的传统知识，非常重要。

丹田一词源自道家，原是道家修炼时用的术语，指人体内可以聚集真气的部位。它不是一个点或一个面，而是一个空间体，是聚无形无相的气的地方，是古代修行人修炼真气成果的地方，如同种子种于田里，经过耕耘，茁壮成长，收获成果，所以称之为丹田。不同派别认为丹田有不同的位置，常常分为上丹田、中丹田、下丹田。

中国战国时期著名医学家扁鹊认为，下丹田是“性命之祖，生气之源，五脏六腑之本，十二经脉之根，阴阳之会，呼吸之门，水火交会之乡”。丹田气充足时，可以调动人体潜能，使真气在全身循环运行，通畅经脉；还可以滋养我们的五脏六腑，使心肾相交相济，平衡阴阳，充实精神，促进生理机能恢复，达到身体健康长寿。丹田气之盈衰，往往决定着人身体的强弱，攸关生死。

以上只是丹田在传统意义上的一个说法、一个认识，下面我将详细讲解利用丹田这个位置的一些实际经验。以往我碰到不同的人，他们对丹田有着自己的看法，而且很多看法和我们的颇为不同。下面我根据多年的理解和运用，与大家分享一下我对丹田的看法。

Alex 打坐法中强调丹田所在位置是：以肚脐为中心，直着往肚脐里面延伸 3—5 厘米，没有具体的点，是一个空间。跟我学习打坐的朋友，他们实际感受到的气均在这个部位。刚开始打坐的时候，气只是一个小小的苗头，或是一种温温的感觉。我们用念力把气积聚以后，开始时它只是一个小小的种子，温温的，像一个小火柴头一样的热度，逐渐你会真正感受到这个热度在慢慢增强，增强到充满整个肚子，最后绝大多数时候像有一股拳头大的热劲就在你肚脐往里 3—5 厘米的地方。

起效快的人，一般打坐一个星期就可以积出气来，但我并不鼓励大家期待只用一个星期就出效果，我自身练习时是用了 3 个月。如果你能够在 3 个月，甚至 6 个月里积出气来，已经很好了。我要强调一下，那种温热的感觉并不是好像是在那个地方，而是真实地、清清楚楚地产生于丹田这个位置。

如果要用现代名词来解释丹田，我会将它称作一个储水池，或者是一个可以调度公交车的大型停车场。当我们还在妈妈肚子里发育时，气就是从这个地方来来回回经过的。因为长期的恐惧、生气、嫉妒等负面情绪已经把我们自身的气打乱了，气没有存在于应该存在的地方，身体系统就紊乱了。因此，今天我们所要做的，就是利用我们的念力，把这些在身体里乱了的气，重新聚回到丹田。

Alex 打坐法的核心要点就是用念力将全身的气分成三个部分带回丹田。一个是将气从头顶慢慢全部带下来到丹田；一个是从十个手指头带到手掌，到手臂，到肩膀，到了心轮的地方，到胃的位置，再往下面带到丹田；一个是从十个脚趾头开始把气带到脚掌中间，走到脚踝，到小腿，到大腿，到膝盖，到骨盆，再带回丹田来。这样，我们就能重新整理好原本失散的气，把它重新找回来。其实一方面是把它找回来，另一方面是要把它训练成很有力量的一股气，最终由这股气帮助我们打通身体。也就是说，用这股气把任督二脉和身体上的气脉都打通，它最终仍会回到丹田位置。好像停车场的车子白天都开出去了，最后还是要回来的，仍然会回到丹田这个大停车场来。为我们储存、管理气的丹田，就如同是我们这一生最安全，而且不会有任何损失的养生保险柜。

请记住，丹田是我们养生保健中最重要的一个位置。我们从头上把气带下来，从双手带下来，从双脚带上来，带到丹田，然后用我们的定力、念力把气聚集起来，让这股气最后变成我们自己的东西，跟随我们的念力走，做到意到气到。整个过程会非常有趣，我们会在身体里产生殊胜的反应，比如让我们整个人变得轻松，有一种说不出来的高兴，身体变得轻巧、变热、变大，唾液增多了，等等。这些感觉都是很舒服的，通通会随着我们的打坐实修而慢慢产生。

我很想保留以上这些感觉，也希望大家能真正去尝试体验。当这些感觉通过你的努力和付出到来的时候，你会发现原来生命中还有这么奇妙、伟大的东西，金钱买不到，荣华富贵也都比不上。

生命健康的火种——拙火

前面我们着重强调了什么是气、气的作用、气定结合的深远影响。我们在打坐修行的过程中，把气带到丹田，并在丹田把气积聚起来并训练纯熟的过程，称为“起拙火”。起拙火是西藏密宗修行法之一，是一种高级的修行方法，又叫做“拙火定”“丹田火”。历来修行这个高级的功法，都必须采用师徒口耳相传的形式，而且要经过长期艰苦卓绝的训练。每一个专业的修行人，如果想要即生成佛，都必须修炼起拙火。

Alex 打坐法是我用自己 50 多年的实际经验领悟、总结出来的。这么多年我带的一些朋友、学员的经验，都使它得到很好的发挥。我需要郑重说明，这套打坐法，包括其核心的起拙火方法，如果是我师父传授给我的，我没有权利随便分享出来。有幸的是，这套方法是我凭借多年的努力，从失败中一步步摸索出来的，因此我可以把经验分享给大家。这个起拙火，即修炼丹田之气，就是我要与大家分享的 Alex 打坐法殊胜原理的核心。

起拙火，就是把我们身体中失去平衡的气全部聚集到丹田，再把这股丹田气培养成熟，由此产生一股力量。这股力量能够让失散、失调的气回到它原本该存在的地方，使五脏六腑长期保持气血平衡。

起拙火的过程和感受是如何的呢？拙火是丹田气从量变到质变的结果。初守丹田时，身体中的气开始被激活，身体上会产生一些反应，比如，带气过程中会感觉气像“小虫子在身体中爬”，常见的会打嗝、排气，患有鼻炎或胃病的朋友，在病患之处有气胀、温热的感觉，这种情况是气被激活后开始自动调理身体的现象。进一步练习后，意念控制气的能力增强，可以将气停守在丹田，感觉丹田微微有一股温温热热的气，很舒服，身心轻松，此时代表气在丹田开始积聚。再进一步强化练习后，丹田的温热感慢慢升高，身体也会同步发热，气充满全身。这个过程中身心都会产生一些明显的变化，但此时拙火还未形成。最后经过长时间坚持练习后，丹田气越来越充足，由热变成烫，由较明显的气感变成一个拳头大的火团，很强的一股力量在那里。与此同时，你能用意念带着这股有力量的丹田气去到全身任何一处，做到意到气到，此时才真正证到了丹田拙火。起拙火，传统上一般认为是很困难的，需要小心，不能出错，而且方法一定要正确。而 Alex 打坐法则已经证明，起拙火非常有效、安全。这不是天方夜谭，更不是虚幻的武侠小说中才有的，而是我所带的很多朋友们实实在在感受到的。

有的时候，气会漫延到全身，或者说很多时候整个腹部会像浸在热水盆中般舒服。慢慢地，你会感觉自己好像没有身体，没有胳膊，没有大小腿了，有各种殊胜的感受产生。这些感受会因人而异。从传统理论层面来讲，这些拙火气可以产生御寒和抗御饥饿的作用。这股热的力量会成为每个修行人所追求的目标。丹田的拙火起来后，无论是上坐，还是下坐后的日常生活里，我们需要常常想着，念着丹田位置，也就是意守这个丹田，以维持并发展这个拙火气的力量，你的身体会更健康，生命也会有所改变。

下面给大家分享一位朋友给我写的打坐心得。他说："我刚才上坐时就暗自下决心，把拙火坐起来。带三股气到丹田，丹田暂时没有热感，于是我意守丹田，心观丹田，放松自己，就这样坚持坐着，专心、无杂念，心里决定拙火起来时再考虑下坐。放松，放松，不知过了多久，丹田开始发热，精力集中观拙火。丹田热起来了，又走了一遍气，开始放松，观丹田、守丹田。过了一会儿，丹田处变成一个大气团，我就用意念让气团吸收全身的气，这下感觉整个肚子都成大气团了。我感觉到，整个意识是空的，身体就是一个丹田气团，很舒服。我质疑自己思想又开小差了，但这次感觉不是。于是收意念，观自我，下坐倒计时。睁开眼，从上坐到收功，花了整整 85 分钟。下坐，喝口水，感觉丹田都是热的。”

这是学习打坐的一个相当典型的例子，他遇到的情况几乎是成功打坐者会有的，就是所谓的“起拙火”。如果出现其他情况，并不能说是不成功，每个人的感受都不一样。这位朋友还告诉我，他终于找到了自己的生命所在。他不仅对现实生活的看法有所改变，同时对未来也充满了憧憬，开始积极面对。

准备工作不能少，选定姿势很重要

在正式打坐之前，我们还需要做一些准备工作：第一是选择好坐垫以及调整坐姿；第二是做好暖身运动，把身体的经络先暖一暖。这里我们先讲坐垫的选择及坐姿的选定。

坐垫的选择。我们需要一套垫子，分下垫和上垫。下垫比较大，能涵盖我们的臀部、膝盖、腿，但不能太软，太软会影响坐姿。上垫是臀部坐着的，初学者使用高一点的比较好，因为膝盖、腿在打坐初期放不平，坐垫高一点会容易些。

坐姿是非常重要的，一般坐在上垫三分之一的位置，会阴在上垫的外边，这点很重要，可以保障身体的重心在两条大腿的根部，而不是在尾椎骨。如果重心在尾椎骨，你的背会往后倾或

准备一个打坐的垫子，包含上垫和下垫

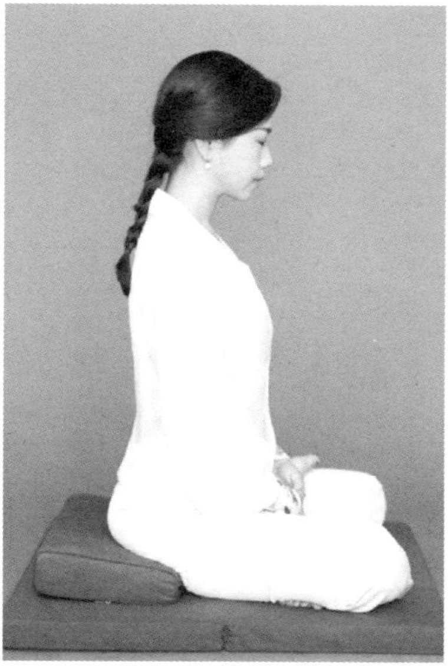

坐在打坐垫三分之一的位置，重心放在臀部。腰部及背部放松，自然挺直，不能受力

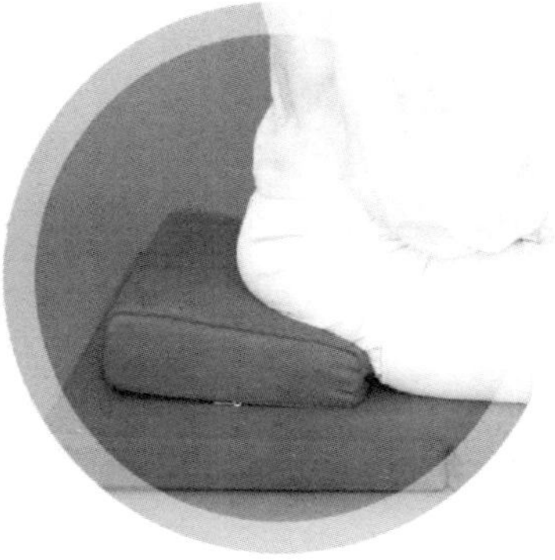

特别注意坐姿，保持自然挺直，切忌屈驼

上身与垫子呈 90 度垂直，自然坐不久，气也不顺畅。应该是上半身微向前倾，将重心放在大腿根部，背部保持自然挺直但不受力。记住，如果脊椎弯了或背部受力，气会上不来，反而影响效果，这点非常重要。

下垫是放膝盖的，膝盖要放平。如果你是右脚搭在左腿上，那么右脚在左膝上是平的。刚开始做这个动作时，绝大多数人的右膝盖会上翘到 30 度、40 度，甚至 60 度那么高，这就需

单盘：双腿交叉，右脚放在左腿膝盖上（依个人习惯，左右都可，不必强求双盘，单盘即可）

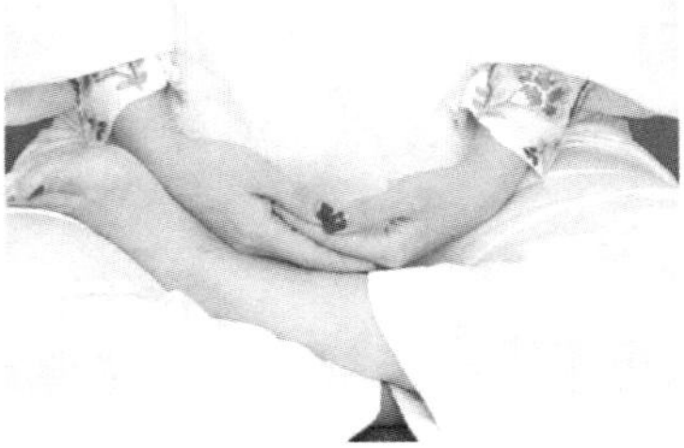

双手自然下垂，两手掌心交叠放在腿中

要后面下功夫熬腿了。腿单盘就可以，完全没有必要双盘，双盘的熬腿时间非常长，需要花费更多的时间、耐心、毅力。绝大多数人单盘时都有一些困难，可以先散盘。散盘也不行的话，可以坐在椅子上，将大小腿呈 90 度，膝盖弯曲，脚掌着地，坐在椅子三分之一处，会阴置于椅子外（这点很重要）这样才容易保持背挺直。不论散盘还是坐在椅子上面，都是权宜之计，如果你要坐出好的效果，迟早还是要单盘的，所以散盘或者坐在椅子上练习的同时，可以每天花点时间单盘一会，把腿往下压一压，熬一熬腿，将盘腿的功夫逐渐练习出来。

熬腿不容易，但不要紧张，所有人都需要花时间熬、花精力磨，经过努力，必须要做到单盘。熬腿要多长时间呢？起码3个月甚至半年，因人而异，大部分人可能需要更长时间。

手部姿势。把右手放在左手掌上（左右手掌上下可因个人习惯决定），自然地放在两腿中间，将两个大拇指轻轻地搭在一起。也可以把手放在两个膝盖上，拇指与中指相扣。我比较主张两手掌相叠，放在两腿中间的方法。无论哪种方式，都要自然放松。

肩膀自然下垂，放松，含胸拔背，而不是抬头挺胸。身体稍微前倾，而不是与垫子垂直，前倾的角度是保证你的重心落在两个大腿根部，这点我前面已经反复强调过。脖子应该是直的，头不能向后仰，下巴微收，这点非常重要，落眼点在前方大约九十厘米处，这个角度可以让你下巴微收住。舌头轻轻搭在上颚。

刚开始你会觉得有点别扭、不自然，这就需要根据身体状况摸索完善了。多花一点时间，会很快进入状态的，只要姿势做对了，自然能取得事半功倍的效果。正确的姿势很重要，有些朋友打坐很长时间却收效甚微，往往是坐姿出现错误。记住，所有这些动作全部都是自然、放松的，不要施加力量进去。开始打坐，将跨出人生重要的一大步，恭喜你！多给自己一点耐心！

热身运动如何做

下面讲讲如何进行打坐前的热身运动。为什么一定要做热身运动？因为它可以帮助我们提神、活络筋骨、放松身体，而且可以促进血液循环，防止我们在运动过程中肩膀、脖子、膝盖等部位受伤。对于在都市生活、工作的朋友而言或许没有空余时间去打坐，但也一定要给自己一个打坐的承诺。这是非常重要的，就算以后再没有时间，一旦许下了承诺，你就一定要每天付出，努力做到坚持。你可以说今天太累了，没有时间打坐，但要把热身动作做完，然后稍打坐一会儿，就算坐一秒都没有关系，重要的是你坚守了对自己的承诺，付出了毅力。

第一个动作是脸部按摩。两个手掌合起来，掌心对掌心搓至发热，将手掌贴于脸部，然后从内向外揉脸，轻轻地揉，包括额头、面部、鼻子、脖子，揉 3—6 次。这样做的好处是可以马上提神，同时起到平抚皱纹和延缓面部衰老的作用，这也是坚持打坐者不显老的原因之一吧。

双手掌心反复摩擦，搓热后，上下轻揉面部

第二个动作是拉伸。掌心向内，十指交叉，然后双手慢慢向上举，同时掌心由内向外翻，掌心朝上，向上伸直，尽量把身体拉直伸展。这时，你会发现身体很舒服，因为这个动作能帮助大家暖身。重复做三次，好好地享受它，把筋骨拉开了，自然能起到提神的作用。

第三个动作是用食指敲打头部。将两个掌心捂住耳朵，把食指放在中指上面，然后从中指上用力划下，敲打至脑袋，同时你会听到“嗡嗡嗡”的敲打声，敲打七次即可，具有立竿见影的提神效果。

十指交叉，掌心向上，双手尽力向上举起，来回三次

第四个动作是转动头部。上身不动，只是转动脖子，顺时针、逆时针各转三圈。切记，要慢慢地转，以免损伤脖子。这个运动同样有很好的提神作用，做完头脑马上清醒很多。

第五个动作是深呼吸，用鼻子很自然地把气吸进去，慢慢吸，一直吸到肚脐周围，感觉此处充满，再慢慢吸到上腹腔，再吸到胸腔，每处停止 2—3 秒，然后将气依次自肚脐周围，上腹腔、胸腔，经嘴巴慢慢呼出。如此做三次，你会感觉头脑

双手食指落在中指上，掌心按住耳朵，食指上下拨动敲打脑壳，耳朵发出“嗡嗡”声响，7 次

加倍清醒了。

在打坐时遇到昏沉欲睡的情形也没有关系，这是必然会发生的，不论你是打坐老手还是新手都会遇到这个情况。当你在打坐时身心得到足够放松，就会自然而然出现昏沉犯困的情况，这时就好好地收功，然后去睡觉。不要强迫自己一边打坐一边昏沉犯困，这并不是好的习惯，但也不需要自责、内疚，收功睡觉去吧。每天不停歇地坚持打坐，这才是最可贵的。刚开始的时候，以培养兴趣为出发点，让自己舒服是最重要的，

头部舒展。保持身体不动，缓缓将头顺时针转动 3 圈，再逆时针转动 3 圈

既要有毅力，也要有兴趣，这是首先要记住的。

第六个动作是叩齿。把嘴巴微微张开，然后上牙齿与下牙齿轻轻地对敲，叩齿 36 次，轻轻松松就能起到提神的作用。

最后是要把脚的姿势放好。放好之前，各位一定要记住，上坐前把两个膝盖揉得很舒服，让膝盖处的血脉畅通。下坐的时候也要揉松膝盖。一定要把膝盖揉舒服，让它气血畅通。膝盖是打坐唯一可能给我们造成不舒服的地方，所以要特别保护

深呼吸。每次尽全力吸气，然后一吐而出，一共 3 次

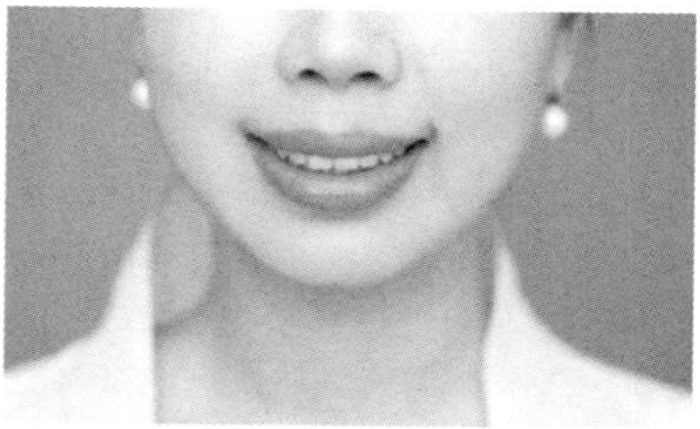

叩齿。上下牙齿轻叩 36 次

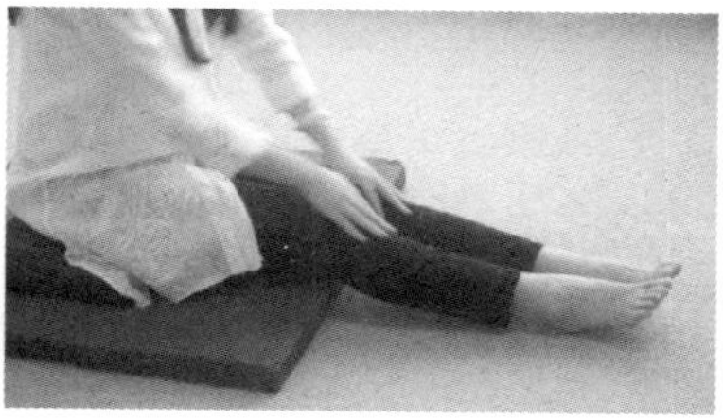

结束后双手慢慢揉搓膝盖放松（关键动作）

好。打坐的时候，两个膝盖和两个肩膀是我们身体上的四个点，是极端之处，易受风寒，引起不适，所以膝盖位置是必须要保护好的。可以在膝盖和肩膀上各披一条毯子，做好保护。

这些动作都是必需的，偶尔忘记也没有关系，但一定要养成习惯，把这些动作全部做到位。如果你今天非常忙，身心疲惫，试试看，把暖身动作做好，然后上坐，就算坐一秒钟，相信也会受益匪浅。

放松身心，Alex陪你练习

前面讲了这么多，相信大家已经深入了解，下面请跟着我一起进入打坐实修环节吧。第一，先把坐姿调整好，心情放轻松，眼观鼻，鼻观心，舌头轻轻顶上颚，微笑，把念力放在头顶。然后头顶放轻松，按眉毛、眼睛、耳朵、后脑勺的顺序依次放轻松。接着鼻子放松，轻轻地自然呼吸，注意不要过分注意自己的呼吸，保持自然呼吸。继而嘴巴放轻松，舌头继续顶上颚。这时会感觉有一股气从头上慢慢下来，很舒服。

嘴巴里的唾液开始积聚起来，气在动，跟随身体放松，气顺着鼻子往下走，慢慢到达嘴巴里面，唾液也来了，轻轻地把它往下吞，很舒服。这么多年累积在头上的气，随着刚才得到放松，慢慢地到达我的脖子，到达我的喉头，热热的、温温的，真的很舒服。然后我用自己的念力，慢慢地把这股气——我的气宝宝，顺着喉头往下，到了颈部，再往下，还是温温的，好舒服。

现在，这个气宝宝到了我的胸口，就在我的胸部中间，里面好舒服：“我陪着你，气宝宝，你乖，我在陪着你。”再往下，它到达我的胃部，暖暖的，好舒服。如果你平常有胃病，它会停留在这个地方，照顾你的胃。

Alex 打坐示范

我们继续带着气宝宝往下走，走到肚脐眼里面四五厘米的地方就开始发热了，好舒服，这就是丹田。我们终于把头上的气带到了这里，带到了它的家——丹田。守着丹田，守着丹田，守着丹田。

再把念头放在十个手指的指尖上，指尖开始有点麻，有点胀，放轻松，手暖起来了。我们把指尖的气带到手掌，暖暖的，还会流汗。接下来，继续往手腕带，再往上走，到达小手臂，会感觉小手臂胀胀的、温温的。到了胳膊，再往上走，到达肩膀。现在整个手都是胀胀的、暖暖的，肩膀也是暖暖的，让人心生愉悦。把两个肩膀的气带到胸口中间，“气宝宝乖，听话”，感觉自己的胸在鼓，中间充盈，胸口温温的，好舒服。往下走，气宝宝到达胃的地方，温暖它。有的朋友这时会打嗝，而有的朋友会感觉胃部发暖，颇为舒适。“气宝宝乖，我们往下走，往下走”，到达丹田。如果你还感觉不到丹田，可以轻轻地、慢慢地把手放在肚脐上面，因为气现在已经到了丹田。守着丹田，守着丹田，守着丹田，守着丹田，守着丹田。

我们现在把念头放在十个脚趾头上，脚趾头开始颤动，气宝宝在动了，把十个脚趾头的气拉到脚中心去，脚发热了。再拉到脚后跟，拉到脚踝，再往上走，感觉它的流动。现在气到达小腿，胀胀的，好舒服。再往上走，到了膝盖，温温的。继而有一股热气往大腿走，整个腿部暖和起来。这时我的手也是暖暖的,而且我的头感觉轻松,因为这时意念和气集中在大腿上。

现在气宝宝到了整个腹腔里，骨盆好像浸在热水盆里，很舒服。我感觉脚在动，会阴也在动。接着把气往上拉，一直拉到丹田，三股气就都到了丹田：“你们好乖，终于回到家了。”守着丹田，守着丹田，守着丹田，守着丹田，守着丹田。

大家可以按照自己的需要，重新走头上，或者走手上，或者走脚上，然后慢慢睁开眼睛，但要继续意守丹田，把腿慢慢打开。这样一套做下来，恭喜你已经顺利进入实操练习的阶段了！

下面的一些收尾工作还是要做到位，请大家跟着我继续做一些暖身动作。

我们刚才已经练习过打坐，但每次打坐完的一些暖身动作也是不可或缺的，必须实实在在地做好。收尾的暖身动作和打坐前的暖身动作是一样的，次序可以自行调整，同时可以根据自己的需要选择某一个动作多做几遍。收尾的暖身动作让我们打坐后有一个恢复期，使身体的气更加柔和、协调，也可避免下坐后在运动过程中受到伤害。这些运动不仅可以作为打坐后的暖身运动，还可以作为平常的舒展运动，有助于拉伸我们的身体。

做完开始慢慢把你的双脚一个个按顺序拉出来，拉直后花点时间慢慢揉揉膝盖，保护好它。揉膝盖的时候，可以先把掌心搓热再揉，也可以不搓热。揉完膝盖，接着也要把大腿、小腿的肌肉揉开。我前面强调过，打坐时，膝盖可能是唯一会产生不便或不适的部位，所以这个步骤尤为重要。然后可以在起身前左右晃动一下身体，上半身、下半身都晃动晃动，活动活动肩膀，再慢慢地起身。注意不要突然站起来，最好是慢慢站起来。你也可以试试起身前躺一躺，或伸伸懒腰。这些暖身动作都是必要的，能产生事半功倍的效果。

另外，要提醒一下，如果刚才打坐时有昏沉，叩完齿头脑清醒了，那么下次打坐时就要小心了。昏沉是绝不可取的。我常提醒大家，如果打坐时犯困，就去睡觉，不要硬撑着，这一点非常重要。因为打坐到最后要入定，如果你养成了昏沉的习惯，迷迷糊糊地打坐，最后你以为在定中的时候，却是在迷糊中。很多人，甚至很多打坐修习多年的人，都以为自己打坐很好，一下子入定了，但其实不是，而是陷入了昏沉，这需要大家有所警觉的。

这一整套动作配合做下来，你会发现效果极妙。做完后，如果觉得口渴，可以喝点温水。另外 15 分钟内不要去洗澡，也不要吃东西，让身体先缓和下来，让气回归正常循环，再开始正常规律的活动。同时提醒一下大家，如果觉得腿尤其是膝盖发麻、发胀，也是完全正常的。但要知道，并不是坚持三四个月腿麻的情况就会好转，也许需要花更多时间，你必须有心理准备。

这里再补充一句，刚开始的时候，如果你的腿根本盘不上来，可以试着先坐在一个硬的椅子上，膝盖垂直下来，脚心不要直接放在地板上，下面最好有个垫子，这样不容易着凉。坐在椅子上，你的会阴是在椅子外边的，能坐多久就坐多久。但请务必记住，这只是权宜之计，到最后，你还必须回来熬腿，必须要单盘打坐，才能追求到最终打坐的意义。

为什么要盘腿？当你单盘打坐的时候，有助于将气从脚掌往头顶形成外循环，也会从头顶的百会穴往外循环到脚掌心，这都是有可能的。同时你的腿盘起来后，因为腿被压着、曲着，往下肢行走的气血暂时被阻止，于是气血往上身集中，加强五脏六腑的气血，尤其是心脏。气血同时会努力流通到盘着的下肢，这样产生一种力量，加强心脏的收缩，因此加强了心脏的功能。而且，腿盘起时的脚与心脏的距离是很近的，可以促进血液循环和气的运行。这便是盘腿的双重意义所在。

可能遇到的各种常见问题

要专心坚持打坐，就必须先了解打坐时可能碰到的各种问题，今后方能做到游刃有余。这些常见的问题是我从多年亲身经验中收集整理得来的，也是一些学习打坐的朋友经常遇到的问题反馈给我的，下面给大家分享一下。

最常见的问题就是，杂念不断，静不下来，怎么办？其实这是每个人都会碰到的，包括我自己在内。而克服这个问题并不是一天两天的事，可一旦成功克服，对你往后的帮助是极大的。那么要如何克服它呢？这里并没有捷径。只要记住：当杂念起来的时候，不要去续想这个念头，来就来了，不要总去想它。其实很简单，放一个杂念出去，再放一个……再放一个……逐渐把大脑放空。刚开始练习的时候，也许你一坐下来，就会放掉几十个，甚至上百个念头，慢慢便开始减少。请注意，这并不是你一个人才会碰到的问题，每一个打坐的人都会碰到。

打坐者常见的另一个疑问（大概 99% 的人都会有）是，

打坐期间腿麻、腿疼怎么办？打完坐膝盖疼怎么办？要强行熬腿吗？熬腿是必须的，因为一个稳定持久的坐姿将决定你的定力和气能有多好。刚开始的时候腿疼，没有关系，前文我也提到了一个权宜之计，如果实在是腿疼，无法继续，可以坐在椅子上，只要保持会阴在椅子外面，脚垂直就行。但不管怎样，你还是要花点时间去熬腿。打坐期间出现腿疼也没有关系，可以把腿打开来揉一揉，或者换腿盘，再继续坐。初学者熬腿时要循序渐进，不要太勉强，以免受伤。

有一点我要提醒，初学者刚开始打坐的时候，最重要的并不是坐得有多好，而是要坐得舒服。不要觉得这是一个累赘，而是要将它当成享受，不要给自己带来压力。慢慢来吧，打坐不是一天、一个月、一年的事情，可能要花尽你一生的时间，它陪着你，最后你陪着它，相互陪伴，能让你的人生路走得更远、更宽广。

打坐时经常犯困，怎么办？也许平常你的精神很好，可是一打坐，就开始犯困。很多朋友说听到我的声音时更容易犯困、入睡，因为他们觉得我的声音有一种催眠的感觉，同时也有一种鼓舞人心的力量，心情不好时听我的声音，会心情放松，甚至靠听我的声音入睡。言归正传，打坐的时候犯困是因为你放松了。平常很多朋友都不知如何放松，打坐时一放松就容易入睡。那么此时你应该停下来安心去睡觉，不要昏昏沉沉地逼着自己继续打坐了，没有必要。前面已经说过，很重要的一点是你必须喜欢打坐，不要将它变成压力，变成一个累赘而心生烦恼。务必保持好你的心态，困了就去睡吧，这说明你欠自己的“睡债”太多，是时候“还债”了。

打坐的朋友常有疑问：为什么要用舌头顶上颚？舌头顶上颚时，顶在哪个位置？要用力顶吗？要随时顶吗？从现在开始，不论你打不打坐，都应时刻把舌头顶在上颚，就是轻轻地把舌头往上面搭着就可以，不要施加特别的力量去搭着。因为舌尖与上颚交接处是任督二脉交汇的地方，就好像那种搭的吊桥，一搭上去桥就通了，任督二脉也就通了。这是非常重要的一种养生方式，因此，无论你打坐与否，都应将其培养成日常的习惯。慢慢地，你会发现体力增加了，身体也一点点得到很好的改善。

打坐中应该怎样呼吸？ Alex 打坐法的呼吸与传统意义上的呼吸法不一样，它强调不要花太多注意力去管你的呼吸，就是正常地呼吸就行，千万不要在呼吸上下特别的功夫。

有的人在打坐的过程中会摇晃或抖动身体，头也跟着晃动，有的人还会打嗝、排气、出汗、打哈欠、流眼泪、手脚发胀或发麻，甚至还会腹泻，正常吗？这些症状都是正常的，没有关系，每个人出现的情况都不一样。排气、出汗、打哈欠、打嗝，几乎 99% 的人都会出现这些反应。身体摇动、头晃动，有的人也会出现，如果发现这种摇动、晃动的情况，就把它停下来，必须要有这种自主能力，能够克制它，不要随之晃动。

感觉带气到丹田，气就散了；或者丹田很久都不热，抑或要花很长一段时间丹田才会热。以上都是正常的。刚开始的时候，丹田也许是温的，慢慢才会感觉里面的热劲真正有力量了。那个气可能会跟拳头一样大，有时和全身一样大，这都是一个过程。有的时候你会有感觉，有的时候没有感觉，这些都跟我们的身体状况相关，跟我们的心情、身体、吃、睡都有关系。记住，请拿出你的毅力来，不停地尝试。这些症状时好时坏，时热时不热，全是正常的。

让我们进一步来谈谈丹田气的热。比如打坐时感觉丹田不热，而别的部位热，如背、胃、手、脚，或者丹田上腹腔、下腹腔等，这是怎么回事？为什么有时候带气到丹田，丹田不热，反而丹田周围出现气胀？丹田不热，身上热，算是拙火起来了吗？我先说说最后这个问题，丹田不热，而身上其他地方都热，这个不算是起拙火，拙火必然是产生在丹田里，而且最终可以做到意到气到。有时丹田不热，而身体其他地方热，有时脚热，有时腹腔热，有时全身热，这些热都是正常的。每个人的情况都不一样，但拙火起来的时候必然会出现丹田发热，因为丹田是把全身的气统一起来做调节、管控的地方，必然是热的。身体有的时候会热，会是冒汗的热，有时也会是焦躁的热（较少出现），这些都是短暂且正常的现象，总体原则上身心一定是舒适的，一定要弄清楚。

接下来，我想再跟大家探讨一下打坐中可能遇到的各种状况。

怎样才能更好地把气带到丹田？很重要的一点是你的心态一定要放轻松，慢慢地带，很有耐心地带，和它对话：“气宝宝，你乖，听话，慢慢下来吧。”记住，你要把气带好，必须付出时间、毅力，还有心态要放轻松。

意守丹田的时候总是分神，怎么办？之所以会分神，主要是你没有好好地把念头与自己的气、身体结合起来。只要专心了，就不会分神。即便是分神了，也不必气馁，这是常有的事情，好好去做，把它变成一种习惯就好。意守丹田的时候，你的身体会越来越舒服，甚至不想出来，只想享受那股舒服的劲儿。因为到那时，你的气起来了，所有的烦恼、痛苦全部被屏蔽，也不会困扰你了，那种感觉太好了。记住，享受一下可以，但不要贪恋它，把自己的定培养好，把气培养好，然后下坐出来，给自己一个很好的开始，也是一个很好的交代。别忘了明天继续打坐，毅力是十分重要的。

守丹田时感觉气从丹田往身体别处走，或者身体被拉直了，怎么办？这是一件很好的事情，因为气常常会矫正我们的身体，就放心让它去矫正吧，没有关系。如果觉得它试图拉直你的身体，就让它去拉好了。但要记住，最后一定要把气全部带回丹田。任何时候，气想自己游走的时候，就放开让它游走，但下坐前你还是要把它带回家——丹田。

不打坐时怎么聚集丹田气？在日常生活中如何守丹田？从现在开始，时刻用你的舌头顶上颚，同样时刻把你的念头聚集在丹田。当你忙于工作时，可以暂时不守；一旦有空时，例如坐车时，闲于家中时，看电视时，请务必意守丹田，把守丹田当做你的呼吸一样对待，这才是最好的。丹田守得好，你的气就不会那么浮躁，同时开始自行调理好。气在我们身体里散乱了多年，需要花时间把它慢慢带回来，养成习惯。

气带到丹田时感觉丹田是凉的，怎么办？这种情形很少出现，但也会有，这只是一个过渡期，并不是每个人都会碰到。即使碰到了，也不必担心，之后会有改善的。

为什么认真守丹田时不热，不认真、松懈时反而丹田就热了？这个问题出现的原因挺多。第一，这是一个周期性的问题，是无缘无故的。第二，说明你放松得不够。第三，可能是下功夫的问题，不用担心，继续坚持做下去就好了。

常有人反映说感觉气卡在什么地方，或者气带不动、带不下来，或者气经过某个部位的时候感觉有异样，比如疼痛或者有其他症状。这些情况是十分常见的，也许发生的部位不一样，发生时的状态不一样，但确实有的打坐者把气带到胸口就带不下去了，进不了丹田，这说明你的胃可能出现了问题。因此，气带到胃时，本身会花时间医治你的胃病，虽然你感觉不到，但还是要继续带下去。

部分朋友在带气的过程中意念太紧，放松不下来，身体燥热不适，或者身体发紧，意念太重。这些都是因为没有很好地放松。我们当中的很多人，一辈子都不知道如何放松，所以单是学会放松我们的身心，也是非常不容易的。因此，只要学会放松身心，你人生的幸福指数起码可以提高 50%。

头部的气拉不动了，怎么办？拉的时候感觉颈部或者头部发胀，怎么办？记住，请时刻面带微笑，舌轻轻顶上颚，只要放松了，头上的气自然就下来了。就像我说的，头皮放松、眼睛放松、鼻子放松等，气就自然会下来了。

请大家务必留意，几乎 80% 的朋友在打坐的过程中都会感觉到什么东西，像光或景象，都是非常正常的。有的人说看到光，有的人说看到菩萨、佛像之类的，这种事情本身没有什么特殊的意义，基本上都是我们自己的臆想。一则是气的反射，二则是我们自身的思维概念和潜意识的反射。这种情况一般只会出现一两次，如果总是出现，你大可前来与我探讨咨询，否则请不要去在意它。

刚开始气感很好，很顺、很舒服，不久却开始出现失落、紧张、担忧，甚至害怕等情绪。怎么办？这并不每个人都会发生，奇怪的是常常会发生在刚开始打坐得很顺利的人身上，可能会给人一种挫败感，这就是宇宙自然的规则。正如刚开始太顺利了，后面一定会摔跤，记住要随时准备面对低潮，继续坚持努力。

气堵在胸口，怎么办？气堵在胸口，不论是新手还是老手，都会碰到。请记住，要放松，轻轻地，而且很有耐心地把气往下带，绝不可以把气留在胸口，久则容易造成胃病，引起心浮气躁，诱发很多其他问题。另外，绝对不可以随随便便意守心轮。心轮不是随便什么人都能意守的，意守心轮的人必然是已经到达非常高的境界，他知道如何意守和如何收功。气堵在胸口太久会生病，要把气带下去。必须带到丹田，既要有毅力，也要保持放松。

没有气感，怎么办？这是常常发生的。其实就算是老手，也会有气感比较差的时候。这时，必须继续有耐心地慢慢带它，气是有高潮、低潮的，像人的心情一样，你仍然需要付出时间、毅力、努力，坚持去做，气感终究会回来的。就算没有气感，气还是在你身体里运行，所以，不必过于在意有没有气感，产生不必要的得失心，继续坚持做自己该做的事情就好。

打坐时没有享受的感觉，是怎么回事？我只能说是你的用功程度还不够，可能放松也不够，继续努力吧。有人跟我提过，那些传统的打坐让他觉得死寂，很多时候是枯坐在那里，难以坚持。而我给大家分享的 Alex 打坐法，很好地克服了枯坐的困难，所以还是请你继续坚持坐下去。

打坐时怎样才能产生愉悦感，让快乐感持续？主要还是气的问题。当你的气走得好时，尤其是在丹田走通畅成熟了，这些快乐感会自然而然地产生。

每次上坐都希望有效果，也认真做了，但总是没有什么成效，为什么？在这里要提醒大家，不要有太多的得失心。打坐如此，对待人生、事业、爱情也应如此。不要期待，不要有得失心，这是一个重大的突破点，是修行者的必修课。从现在开始，你就用打坐来帮助你修这一课，请好好消化这一段内容。

晚上打坐后反而睡不着，是怎么回事？这个问题大多发生在开始打坐做得比较好的朋友身上，因为打坐可以提神。很多朋友平时工作忙，忙得连睡觉的时间都没有，常常利用稍微空闲的时间打坐一二十分钟，打坐的这一段时间便可以让他恢复精神，继续工作下去。这是一个现象。当晚上打坐后精神充沛，反而睡不着时，可以尝试调整到早上打坐。早上起来，因为已经睡足睡饱了，再打坐，效果会更好。刚开始的时候，有的人喜欢晚上打坐，但晚上一打坐就容易犯困、睡着。因为他欠了“睡债”，可等到“睡债”还完，身体调整好，晚上一打坐就睡不着觉了，这是很常见的，不妨调整到早上再打坐吧。

打完坐出现尾骨痛，是怎么回事？尾骨痛时，按正确坐姿调节过来，反而更不舒服，怎么办？这时候就要注意了，第一，一定要把臀部坐高一点；第二，臀部不能坐满垫子，只坐垫子的三分之一，保持会阴在垫子外，会阴绝不能坐在垫子上面。因为你的重心落在尾骨上，而且越坐越驼背，自然会产生疼痛感，所以，把重心放在大腿和臀部，臀部垫高，会阴不坐在垫子上面，就可以很好地克服这个问题。

带气的过程中突然没感觉了，清醒过来后不知道气到哪里了，怎么办？这种情况之所以会发生，也许是你睡着了。清醒后继续做吧，记住时刻保持清醒，如果困了就去睡觉，不要勉强自己继续打坐。

有人问，跟着马老师的打坐引导音频带气时，可以一次带几遍吗？可以不听音频，自己用意念带气吗？当然可以的，其实到后面，你应该完全不听音频，靠自己来带。

打坐时点香、听点放松的音乐，是不是效果更好，更容易静下来？对此，我并不主张，尤其是点香，反而会让你分神，没有必要，而且香吸入多了，对肺也不太好。也没必要放音乐，尤其是到后面，守定的时候绝对不可能有任何音乐，更不可能有任何香，要完全静下来，陪着你自己的心，观照自己的气。

打坐的时候感觉到身体某一处部位没有了，正常吗？恭喜你！如果感觉身体某一处部位没有了，说明你的气通畅了。一般来讲，常常是肚皮这一部分先没有了感觉，或者是手脚，表示你肚皮、手脚的这一段气基本已经通了。到最后，一定是没有了全身的感觉，而且将来还有更多非常殊胜美妙的感觉，只要你肯下功夫坚持下去。

心情不好的时候，不想打坐了怎么办？这几乎是每个人会遇到的。在这里，我要特别呼吁大家，尤其是心情不好的时候，刚开始很难坐上去，但你必须要鞭策自己去上坐，不论上坐的时候采取什么样的方法，例如你可以先运动一下，活络气血，提提神，再打坐。

因为办公室的事情太多、太繁杂了，心根本静不下来时，怎么办？我当年做生意遇到这种情况，就拼命地，全神贯注地念咒，强迫自己把心稍微静下来以后，慢慢把气调节好再上坐。这个时候，你的努力、坚持会带来最好的收获，这反而是真正达到打坐的最大目的之一。千万记住我这一句话：越是心情不好的时候，越要鞭策自己，把自己从一般人变成人上人，你会发现一切努力都是值得的。

改变心态方能避免失败

Alex 打坐法的效果已经被证实，是立竿见影的，很多朋友都亲证到了拙火，也打通了气脉，甚至还有两位朋友已经证到三摩地的境界。有的朋友怕打坐时会走火入魔，或出现其他问题，因此，接下来，我将亲自为大家答疑解惑。其中有一个重要的问题：打坐者应该保持怎样的心态？千万不要忽视心态，正确的心态能帮助你将打坐这件事做好。下面几个重点必须给大家说清楚。

第一，每天须坚持打坐，要有毅力，千万不能中断。不论你是打坐、学习、做事业，还是为人处世，没有毅力根本走不远。从打坐来讲，每天应以坚持 45 分钟为目标，这并不是一件容易的事情。尤其在今天，大家生活在节奏极快、压力巨大的社会里，回到家时常常已经筋疲力尽，因此你往往会劝说自己：“今天不打坐了。”这是打坐的一个致命伤！

我也曾遇到这个问题。我告诉自己，即便没有 45 分钟，还有 30 分钟；没有 30 分钟，还有 10 分钟；没有 10 分钟，我总有一秒钟。即便每天找再多借口，我总不会说连一秒钟都抽不出来吧。在过去 50 多年中，尤其是早期的时候，在美国需处理几个公司让人头痛的事务，每天拖着疲惫的身心回到家，连脸都来不及洗就倒头睡在床上。但不论什么时候，半夜发现自己还没有打坐的话，我都会猛然从床上跳起来，履行承诺坐到佛堂里去打坐。不论是念几声咒还是做点暖身动作，即便只是简简单单几秒钟，我也会坚持打坐，再回到床上睡觉。所以，这个“一秒钟哲学”是我几十年来从未间断遵循的。

我常常给朋友们分享这个“一秒钟哲学”，很多朋友都从中受益。有位朋友对我说：“感恩老师！与老师相识以来，天天听老师的语音，感觉自己愚笨，不能像其他同学那样体会快，只能静静地跟着，默默地看着。虽似懂非懂，还是坚持每天必听。打坐不能坚持时，也会记起您的‘一秒钟哲学’。可能是自己身体弱的原因，丹田一直未热起来，但昨晨打坐时突然感觉身体发烫，今早气能聚集到丹田了。本不该打扰老师，只是太想告诉您了，感恩！”

第二，非常重要的是一定要有信心。在这里举一个最简单的例子。我带的朋友中已经有两位证到三摩地的境界。而这两位朋友有几个相通的状况，其中一个最明显的状况是，他们在打坐方面都曾是白纸一张，听过我的分享以后都变得信心十足，一股脑地往里坐。因此，他们保持这样的信心，按照方法坚持坐，便成就了自己的三摩地。可喜的是，现在这两位朋友已经像指导者一样去帮助其他朋友，取得了很好的效果。因此，信心之重要，不言而喻。

当你有了信心，便能产生一股力量，这股力量慢慢变成所谓的信仰。这个过程就是由信心变成信仰，再由信仰产生力量。这股力量就像是一个导体。如果你现在就需要一个可以导电的导体，而面前的导体有一个是纯银的，一个是铜的，一个是铁的，这中间又有什么差别呢？当然是导电速度最快、强度最大的最好。这三个里面，纯银的是最好的导体，你信心足，就如同纯银的导体，接收得最好最快。所以，你能把心全部敞开接受，也就是你信心够充足，效果自然就是最好的。拿水管来举例，如果这个水管是堵塞的，自然水流量就不够了。信心不足，心不能完全敞开，就会像水管堵塞一样，接收不了最大的水流量。同样的道理，不论做什么，只要你对这件事、这个人充满信心，自然就能够全部接受，才有可能完全做好。如果你从接受开始就已经在心底打上折扣，那结果怎么可能会好呢？打坐到后面越高层次的时候，足够的信心便是成功的必备条件。

我认识一位年轻朋友，她从来没有接触过打坐，因为信心十足，仅用 5 个月的时间就收到非常好的效果，甚至超过别人坚持了一两年的成绩。她说："我从 2017 年 10 月中旬开始跟着老师学习打坐，因为资质一般，所以更认真学习。老师的智慧、心法确实是无价之宝。初学时，我非常强烈地感知到，这是我自己追寻不知多久，且内心渴求的至宝。这就是我想要的，所以不想摇摆不定，也不想贪心地去尝试每一种修行。因为已经找到了，还去绕什么呢？找到最适合的就是最好的，内心就会充实与满足。我感激生命中的一切。

“坚持打坐 5 个月后，我的丹田有了热感、气感，坐上时有过几次比较奇妙的感受。重点是，坚持打坐的效果给我的日常生活带来了最真实的满足感。这种满足感不是无欲无求，而是对自己、对万事万物充满感激、喜爱、满足……这个气真的不可思议、妙不可言、敏感、灵动、有张力、有智慧……我无限感恩它，它可以为我抵御很多负面情绪。对它的比喻，好比一个人，当它身体越来越好时，免疫力愈发强大，病毒则不易侵入。这种免疫力灵动、绵柔而有力。跟随老师学习打坐以来，我的身心都得到非常大的改善，免疫力提升了，气色、肤质均越来越好。因为气的原因，心智打开了，在这种情况下确实不容易被一些杂乱的事情所困扰。”

这些实实在在的例子，更加充分说明了信心的重要性。信心本身就是力量，干任何事都是如此。

第三，保持毅力和信心是很重要的，但精进、专注学习的精神也非常关键。为什么？打坐尤其讲究气，而气会成就我们一个专有磁场。这个磁场很有意思，当你往后修行到更高层次时，它的作用更是不可或缺。如果你不能做到专一，只是纯粹抱着一个试试看的态度，或者已经在跟别人学习，只是想换个方法比较一下，我都劝你不要去试。前面很多例子已经证明，气会形成殊胜、微妙的磁场，实在不能也不应该混合其他方法使用。很多人都说自己听说过气，听说过打坐，也听说过这些磁场，可就是无法成功，不能专一便是最大的原因之一。

因此，如果你已经把Alex打坐法研究透彻，也亲证成功了，请务必放下其他方法。气、打坐并不像你研读经书，多了解点里面的解释，或看看各家各派不一样的方法就可以了。我的经验告诉我，很多朋友打坐失败的关键原因，就是没有一门专注的态度，希望大家都能保持精进、专心学习的精神。

接下来给大家分享一个实例。一位朋友说："我学习打坐已经4年，原本打坐时基本上是观、察、修，一直没有很大的提升。去年9月认识了马老师，加了尹师兄（打坐指导客服）的微信，他问我是否愿意从零开始练习，我说愿意。就这样，我从零开始认真打坐，每天至少两次上坐，有时四五次上坐，每次上坐半小时以上，几天后就有很强烈的感觉了：气很强大、手脚发胀、肩膀抽动、打嗝等。坐上、坐下，我都按照尹师兄给我的马老师讲座内容去做。坐上，眼、耳、鼻、舌、身、意尽量不随外界而转，时刻守着这颗心，跑了就拉回来，有意识地停留在当下，让心自然呈现；坐下，时时刻刻观察自己的心。后来，丹田的气越来越好，11 月下旬，丹田开始发热了，现在全身很热。感恩在人生路上遇到了良师益友，真的不容易！非常庆幸有缘认识马老师。”

第四，放下得失心。打坐、养气、起拙火，这和我们生命中的任何事情一样，既有高潮也有低潮，有时候很顺，有时候很长一段时间也没有任何变化。一旦对这些事情期待过高，往往会有失望的感觉。我们应随时准备迎接高潮，也随时准备接受低潮。低潮来的时候，即便看不到自己的进步，也一定要坚持下去。坚持到底，是我们获得成功的最大推动力！

打坐效果的好坏，也与我们的身体状态有很大关系。第一，你的睡眠状态；第二，你的饮食情况；第三，你的精神状态；第四，你的情绪状态。这每一个状态都与我们打坐时气的成长、定的成长息息相关。以上任何一个状态的变化，都会导致我们某一次打坐不那么顺利。尤其当你的情绪非常不好，刚好失恋或承受巨大的工作压力时，打坐就很可能静不下心来，甚至接下来一段时间都无法静下心来。

如果身体状态不好，就没有办法把气走得很顺。举一个简单的例子，如果你患有胃病，刚开始的时候头上的气很好，全身发热，可是气带着带着，到胃这个地方也许就下不去了。道理很简单，每个人的身体情况不一样，因此必须要有毅力，还需要老师的帮助，让他带着你做。除了老师的帮助之外，自身也得有很好的心理准备，要完全清楚会面临这些问题，你要知道低潮来时勇敢面对，高潮来时不能得意忘形。

另外，不管你打坐做得如何好，或是别人称赞你很棒让你产生一种成就感也好，千万不要傲慢，不要认为自己很了不起，尤其是男性朋友。一旦产生傲慢的心态，你会马上发现自己进步不了。这是非常重要的一点。

平时注意保持好身体状态，吃好，睡好。压力来时，心情不好的时候，都要坚持打坐，再苦再累也要咬牙坚持。只要你能够切实注意我上面以及前面提到的问题，相信你的气很快就能积出来。我很有信心、很负责任地告诉你：只要保持以上所提到的正确心态，你一定会成功，加油！

必须知道的注意事项

既然要坚持打坐，我希望把关于打坐所需要知道的一些注意事项，包括什么地方能打坐、什么时间能打坐等问题向大家介绍清楚。

前面强调过：第一，在你上坐之前，要做做暖身动作。第二，坐下来以后，一定要保护好膝盖，尤其是冬天，建议大家盖一个毯子。当然这个毯子不必太大，盖起来暖和就可以了。有人问肩膀上需不需要盖，那就看你自己本身的感觉了，盖着肩膀也是可以的。上坐之前的暖身动作里，千万别忘了揉膝盖的动作，包括你的大腿。很多新手为了让自己打坐的姿势更好，常常都犯同一个毛病，就是把臀部坐在整个垫子上面。记住，你只能够坐垫子的 1/3，会阴或睾丸必须得在垫子的前面。新学的朋友，建议你们选稍高一点的垫子，二三十厘米高比较合适，可以自行调整。在保证这个高度的情况下，重点是能够帮助大家把臀部的位置和背后的位置坐对。

当然，坐下来的时候，肚子、后背和腰部都不宜暴露在外。另外，坐的地方不要对着空调口。屋子里可以有冷气，冬天也可以有暖气，但都不要太靠近出风口坐，不宜直接对着身体吹。记住，绝对不可以有所谓的“贼风”。贼风就是开了一扇窗户或留了一条缝隙，从缝隙跑进屋里的风。这风在身体毛孔打开的时候侵入我们的身体，继而诱发外感疾病。

很多朋友看到一些宣传图片，如模特坐在海边、岩石上打坐，在郊外打坐，在山顶打坐，觉得意境很美。但那些都是危险，易受外感风寒湿气等，我不主张大家在户外打坐。除非打坐到后面，你要克服内心的恐惧，可以到坟场里打坐，但不要听别人说什么吸收天地精华，你吸收不了多少天地精华，反而会先把你的身体搞坏。

选择室内干净的地方，阳光不能太强，暗一点也没关系，但环境要干净、空气流通要好，注意不要放音乐，也不要烧香。你真正入定，要入三摩地的时候，烧香反而会困扰人。刚开始的时候，可以听着我的音频来打坐，我也推荐这样做，因为很多人反映听着我的声音可以帮助起气，也有助于克服杂念，可以比较有次序、充满信心地往前走。但到后面要放弃用我的音频来引导，要自己用意念来带领气。

另外，打坐的地方不要对着厕所门，我主张选择空气干净的空间。也不要对着大门，容易有风进来。佛教密宗的很多老师在柜子里都可以打坐，但我不主张大家这样做，还是建议大家坐在比较干净、光线不那么强烈、不是风口、比较舒服的地方，最主要还是安静，这一点非常重要。

很多人问打坐多长时间比较好。我给大家的建议是，在如今这个生活节奏如此快的社会里，你有时间打坐，已经是很难得，不用去管时间多长。你们大多非常繁忙，每天的打坐时间能够保证一二十分钟已经很不错，当然，理想的打坐时间是坚持 45 分钟。记住，即便坐不到 45 分钟，也起码要坚持你的“一秒钟哲学”。别人跟你讲一定要打坐多久或什么时辰打坐最好，都不用在意，只要你能够每天坚持打坐就好了。在这一阶段，最重要的是培养起你对打坐的兴趣，不要因为打坐而打坐，把兴趣抹杀掉了，这就失去了根本意义。所以，“一秒钟哲学”有助于你养成毅力，不用过分在乎时间，重要的是培养兴趣，看到你的效果，这是初学者最需要知道的。抓住这个重点，其他什么事情都不要去管。

当然，打坐时的精神状态也很重要。当你有点头脑昏沉，想睡觉的时候，就坐一秒钟吧，或者 5 分钟，10 分钟，不要给自己压力，舒服就好了。精神状态好的时候，可以多坐一会儿。这其中也需要我们克制一下自己，也就是说，不想坐的时候，稍微勉强自己坚持一下。想多坐的时候也不要贪，尤其是初学者，要坚持两个小时是不可能的，能够坐 45 分钟已经相当不错。

饭前饭后的15—30分钟，请不要打坐。喝酒后也不宜打坐过久，但喝酒后，为了保持你的毅力，还是可以稍微坐一会儿。如果外面风大雨大、电闪雷鸣，让你有点害怕，倒可以缓一缓，那都没有关系。另外，洗澡前后15分钟左右都不要打坐。运动之后打坐，请一定要先把身上的汗稍微擦干。记住，运动后无论再怎么热，也千万不要用风或者冷气把汗水吹干。汗水慢慢干后，我鼓励大家去打坐，因为这时你体内的气已经被运动激发起来，可以尽量多坐一会儿。但运动后不要马上打坐，先让汗干一干，让身体平缓下来。

另外，性生活前后30分钟左右，也应避免打坐，偶尔一次，倒没有很大关系。还有女性朋友很关心的一点，经期打坐是否会引起血崩。我觉得这种说法是无稽之谈。其实，在经期打坐是没有关系的，我们打坐守的丹田位置在肚脐眼正中心里面，并不是在肚脐下面的小腹部，所以不用担心。有很多学习Alex打坐法的女性朋友们都未曾出现血崩的情况，反而是妇科疾病和经期症状得到了改善疗愈。可能原来有人在经期打坐时激发与疏通了子宫周边的经络，使得经血排出过多，因而给大家造成了“血崩”这种错觉。当身体不好的时候，排血情况自然不大好，而打坐可以帮助我们畅通血气，尤其是坚持意守丹田，女性腹部的血气会首先得到改善。腹部血气改善了，经血自然排得比较顺畅，而这个时候经血多一点、旺盛一点，也不是什么坏事。因此，完全没有必要避开经期来打坐，如果你还是有点担心，那我建议你到了经期就少打坐一点，时间不要太长就好了。

还有人说打坐时要讲究朝东、朝西、朝南、朝北。其实，都不必在乎。我还是那句话，培养你的兴趣是最重要的，只要能够每天坚持打坐，你已经是很难得了，已经在做一件非常殊胜的事情。

另外，尽量不要在床上打坐。第一，床可能太软了，坐上以后，身体的姿势会改变甚至变形。第二，希望你抱着尊敬、敬重的心，来对待这件殊胜而神圣的事情。

最后，起坐以后，慢慢睁开眼睛。记住，还要做一些暖身动作，好好地揉松你的膝盖，帮助它放松。打坐前后少喝冰水及少吃凉性食物。

朋友们，请告诉自己，你正在做一件对生命而言极有意义、殊胜的事情。你正开始扎扎实实地掌握自己的命运。相信我，只要往下做，你很快会知道我所讲的是什么。加油！

打坐恢复健康实证案例

经过前面章节的分享，现在大家应该对打坐有一些概念，也知道如何打坐了。接下来，我想和大家分享一些实证范例，让大家进一步理解 Alex 打坐法对身心健康的帮助。

这一位是 50 多岁的朋友，她的身体情况几乎面临崩溃，也几近绝望了。她是一个很有智慧的生意人，但相当忙碌，身体出现了很多严重的问题。为了把身体打造好，她学过太极拳、站桩，也学过禅宗打坐，可是一直都没有什么明显的效果。就在觉得非常沮丧，因大病一场躺在床上气若游丝的时候，一位大学时期的好朋友向她推荐了 Alex 打坐法。

我和大家分享她的一些交流记录。2017 年 8 月她的一篇记录："我其实打坐了好几年，但前面都是断断续续的，没什么信心，没有马老师这种指导。原来有一个禅宗的老师教我，因为一直是枯坐，我打着打着就没信心了。去年下半年碰到马老师之后，我才坚持下来。当初一次长达一年的血崩和手术，让我熬夜亏空的身体受到毁灭性的打击，期望找到名师指点。”

“2016 年 10 月，在身心再次崩溃的边缘，马老师出现了。那时衰竭的心脏，让我只能躺在床上休息，气若游丝。马老师打坐引导的声音，直接强有力地赶走了我对死亡的恐惧，稳定了整个身体的气场。毫无可控的疲软身体、微弱的气跟着马老师的声音走，这是我一辈子都无法忘记的体验。后来身体恢复了。打坐给我带来的除了元气的恢复，更有精神思想的彻底转变，精神上的满足加上身体上的进步，让我实实在在地感受到人生的充实，还有打从心底发出的愉悦和满足。感恩在人生黑暗时出现的明灯，上天待我真不薄，希望自己能够借灯亮及他人，感恩马老师的大德。”

她 2018 年 1 月 16 日的记录：“马老师，您好！刚刚听完您今晚的分享。实惠和自信互为因果，我现在已经初尝甜头。坚持打坐，带来了日益稳定的气，带来了自信，带来了身体微妙的改变。打坐时和日常生活中，气都越来越稳定。当看着身边人喧嚷的情绪，或每天处理完似乎没完没了的事务后，我的心还是平静的。天南地北地跑项目，身体依然能顶得住，该吃该睡，一切井然有序，这才感觉到自己真的有点进步了，真的深深爱上了打坐。无论何时何地，不需要说话的时候，我都在练习聚气，或者安静守神。这是一条令人生路越走越宽的捷径，越是经常打坐、观心，就越是有信心，美好的事也如约而至。

虽然每一步还是很艰辛，但有阳光的心相伴，一切都变得美好，越来越感觉自己如此幸运，感恩马老师。”

她这里提到的观心，指陪着自己的心，觉察当下自己的起心动念、情绪、习性以及自己正在做什么。也就是觉察自己当下在想什么，做什么，有什么情绪及情绪后面的念头、习性，了解自己，从而更好地做自己。

2018 年 8 月 25 日，她的记录写道：“生活的目标在远方，方向摆好，过好每一个当下，心满足祥和。体会到尹师兄（打坐指导客服）说的‘放轻松，能量就来’。的确，放轻松，烦恼少了，情绪就平和了。一点一滴地细品人生，不虚度光阴。在努力学习‘身忙心不忙’，岁月静好，喝茶赏景，用放松的状态对待每件事、每个人，我发现紧张和轻松是可以和谐共处的。外紧内弛，我感觉时刻陪伴、观照自己的心，在这个状态下，稍加关注，就容易做到。”

这位朋友，从气若游丝到能够感觉到自己的气在聚集，感觉到身体在起变化。逐渐产生信心，到每天必须要打坐，到能够出门旅行、能够处理好日常事情，她的信心起来了。她的变化是很典型的例子。

她已经 50 多岁了，以传统的说法，人过 40 岁以后气就开始衰弱了，但 Alex 打坐的方法依然很有效。有一位退休的教师，67 岁时开始学习 Alex 打坐法，不到两年的时间，气就非常旺，丹田很热，而且多年的胃萎缩造成的胃痛好了，多发性肠息肉消失了，内外痔也都好了，经常痛的膝盖也没再痛了，皮肤变得光滑细腻，就连前额一块因年龄增长而掉头发的地方现在也重新长满了头发。这说明，Alex 打坐法所使用的方法、步骤确实有效。

接下来，我给大家分享的另外一位朋友，是今年 75 岁的退休老干部。学习 Alex 打坐法以前，她一身都是病痛，十几年到处求医，收效甚微。三年前她从朋友那了解到 Alex 打坐法的好处，从未接触过打坐的她便开始了学习。她的膝盖有老毛病，疼痛得不能盘腿，但尝试打坐以后，就没有放弃过。和大家分享她的一些打坐经历及心路历程。以下是她与打坐指导客服的部分交流记录。

2018 年 1 月 9 日，她的记录写道：“打坐头几天，我一听马老师的语音引导就犯困。现在睡觉比以前好一些，精神好多了。以前回到家，只想躺着，现在一回来就打坐，虽然时间不长，但十几分钟坐下来，好像不感觉累了。”

我特别说明一下，很多人常常利用我的声音来帮助入睡。我的声音有助睡眠的作用，我以前自己不知道，但听说现在很多人就是靠着我的声音来助眠。

2018 年 2 月 13 日，她的交流记录：“腿不那么难受了，但积水的问题还存在。这些天主要是躺在病床上听老师讲课，该睡时听马老师的导引，仍然能保持睡眠4—5个小时。看来，失眠的问题基本解决了。这个放松对我来说真难，我要咬牙坚持。有时会有畏难情绪，我自己感觉到了，我一定会努力。现在，我暂且坐在椅子上打坐，观看效果如何。”

很多人一辈子都放松不了，通过打坐学习如何放松，对身心健康有很大的助益。在打坐中，放松非常重要，只有放松得好，才容易达到效果，也更容易享受打坐，喜欢打坐，容易坚持下来。

她在椅子上打坐，也就是我给大家说的，如果你脚疼，没有办法盘腿，权宜之计就是坐在椅子上打坐，这样可以帮助你培养毅力，维持气不停地在身体内聚集。我曾打比喻，如果维持这个火不停地在水炉下烧，水迟早会开的。但重要的是，你迟早还是必须要盘腿，尤其是如果你想要证到三摩地，那就非盘腿不可。

从交流中看出，她的睡眠很快改善了。快速改善睡眠，是Alex打坐法一个很明显的功效。

下面我们继续来看她的记录：“2018年3月27日，学长好！感谢您的帮助，我进步了。照您说的，先让身体放松下来，心里也尽量放松，同时学习大家的放松经验，跟着马老师的语音导引。每天一坐就是40分钟，反复两次，脚底的热已经稳定。以前我的脚底、肚子、后背常是冰凉的，现在一打坐，脚就像踩在一个热毯上面，肚子也不那么冰凉了。有这些收获，我很高兴。以前我睡不好，经常会做一些奇奇怪怪的梦，打坐以后，睡眠好多了。”

各位，打坐 3 个月的时间，她已经产生这些效果。继续分享她的记录：“2018 年 5 月 17 日，学长好！很久没联系您，是因为我一直没从低潮中走出。春节前，我经历了低潮，春节后又有点进步。可没几天后，大的低潮汹涌而至，我坐下就胡思乱想，坐在椅子上，腿还是疼。我甚至不想打坐了，打坐是两天打鱼三天晒网。前几天，马老师指出裹足不前的现象，敲醒了我，我开始继续努力。近两天，膝盖好一些了，可以散盘，时间不到 20 分钟，气感没有上来，但是原有的成果基本都保住了。脚底还是温热的，睡眠也还好，而且肚子不怎么凉了。我感到意外，同时也增加了信心。”

她出现了低潮，是很正常的。我经常说，打坐中出现高、低潮都是正常的，因为进步都是螺旋式的，高高低低交错，关键是要有毅力坚持。这和人生是一样，没有完美的人生，没有谁会一条直线一帆风顺地上升，总会经历低潮波折，这是自然规律。毅力是成功的关键。

“2018 年 7 月 11 日，学长好！自从练习打坐以来，我体会到了修习人时间的宝贵。上次您教我的观心方法，我基本上学会了。知道以后，才发现马老师一直强调打坐观心，克服贪、嗔、痴、傲慢、嫉妒等这些恶习，这就是实修吧？修心才能修好身。我想，我努力打坐修心，提升自己的格局。现在，我的腿好多了，可以坚持单盘20分钟，但毕竟刚起步，还没有明显的进步。”

以她70多岁的年龄，能够坚持单盘20分钟，而且努力学习提升自己，我非常敬佩。是的，她说的对，这就是实修。不空谈，多实践，去亲身体验、证悟，去克服自己的不良习性，修身修心，这就是实修。Alex打坐法和情绪管理法的难能可贵，就是它实实在在地提供了帮助身心健康的好方法。

“2018年8月4日，我现在打坐已经可以坚持30多分钟，而且就在周二，我下坐时左腿没麻，有一天换成右腿盘，下坐时也不麻，可能双腿交替一下会比较好？大夫建议我做腿关节的置换手术，我没做，想着保守治疗，保住自己原装的，想着坚持打坐应该可以好好地打通经络。坚持到今天，能单盘30多分钟，真是奇迹。”

打坐时可以双腿交换着盘，而且如果腿麻，坐上可以动一动，揉一揉腿，或者换腿盘。

2018年12月4日，她写的一封感谢信：“马老师好！大家好！去年12月，我开始了打坐的新生活。现在把我这一年里的收获分享给大家，以表示对马老师以及帮助我的朋友们的感谢。由于常年的严重失眠和腹泻，导致我的身体每况日下，一些慢性病接踵而至，而且非常顽固，如口腔炎、慢性支气管及肺炎、高血压、心血管等疾病。睡眠要靠吃安眠药维持，还常常有些奇奇怪怪的梦魇现象。我的腿本来就经常疼痛，行动不便，加上腹泻全身无力，我很少出门，整天在家苦熬。十几年医治效果不太明显，我曾四处求医问药，甚至求仙拜佛，无果。去年 12 月，朋友把马老师的打坐方法介绍给我，当时我想，腿不灵便打坐可能与我无缘，听一下马老师的录音吧。没想到，刚听马老师录音我就昏昏沉沉睡着了！睡了十几年来最好的一觉，我高兴极了。而且可以躺着听讲课，躺着练习，太适合我了！于是，我开始尝试练习打坐。”

“这一年，艰难地坚持着。起步很快，打击也沉重，起起伏伏。在我受挫、几乎绝望时，马老师和打坐交流群里的朋友热情地给我分析原因，指出我急躁的毛病，鼓励我进步。尹学长（打坐指导客服）又针对我碰到的问题给予具体指导。我珍藏了他们的每一句话，学着做。我不能放弃，放弃也无他路可走。这一年我觉得自己好像是一个步履蹒跚的病人，被朋友们搀扶着往前走。深深地感到了大家庭一样的温暖，体会到马老师说的‘人生路上相互交流，相互扶持’。”

“一年，成效显著。现在我虽然还在熬腿，但可以单盘四五十分钟了！现在我睡眠改善了，再没有梦魇过。腹泻也有好转，更重要的是我的脚、肚子及后背常年冰凉的现象基本上消失了（我一直认为这些冰凉是滋生疾病的温床）。现在打坐，有时会全身发热、出汗，肚子有时也会温温的。我的那些慢性病，不经意间也有了好转。如顽固的口腔溃疡，多年来曾反复发作，十几年也没少吃中药、西药，但今年没有再犯；今年冬天至今没有咳嗽；尤其是我的腿疼病有明显好转，我还可以坚持正常打坐！可能是因为元气恢复了，精神很好，邻居说我与往年判若两人。打坐让我摆脱了病痛，可以正常生活了。感恩马老师！感恩帮助我的朋友们！”

说实话，连我自己都很诧异，看到一位 75 岁的老人从零开始打坐，也能够产生这么多好的效果。对此，我只想说一句：我们其他人还有什么借口呢？这是我们自己的身体，也是得之于父母的身体，这是我们自己造就的命。我们是要看着它继续往前走，变得更好，还是想把自己宠坏，让它越走越差？命运掌控在我们手中，虽然不能马上把它完全转变过来，但当下的努力就是未来的起步点。你的成功，是在未来。希望这些朋友的经历能够对你有所启发和帮助，希望 Alex 打坐法能带给你生命的方向。

第四章

打坐实修，
找回人生自信

促进气血助养生

所谓打坐养生，顾名思义，是指打坐对我们的身体有所助益。前面已经与大家分享了打坐的好处，但有一些是你们平常忽视，或者是常人很少知道的智慧。一般来讲，很多人认为身体好，就要吃得好、运动得好，这样可以帮助睡眠，打造一个健康的身体。

之所以要吃好、运动得好，是为了帮助促进我们的气血，气血活络是健康的保障。而气是血之帅，中医里最重视的就是气。身体健康，最根本的是保持五脏六腑气血平衡。现在，大家已经开始在打坐的道路上，掌握了激发与调动气的方法。很多朋友，就算是刚刚开始学，都已经受惠于这个气，因为他们通过打坐找到气，用气很好地帮助调理自己的身体。同时，通过打坐产生的定，可以帮助保持身心健康，保持心情平静不浮躁，从而拥有一颗强大的心，加上气的帮助，从而产生愉悦的状态。气和定相辅相成，同时打造身心两者的健康状态。可见，打坐是根本、有效的养生方法。

更重要的是，保证身体好了，才能谈修习，才能谈打造更好的智慧和幸福。试问没有好的身体，又如何能够修习？你说要克服自己的嫉妒心、嗔心等，但胃痛得连晚上都睡不着觉，又如何修心？如何克服恐惧？如何克服心浮气躁？你要打造一颗平静的心，但如果没有一个好的身体，在平常行住坐卧，面对家庭琐事、事业烦恼时，都将心有余而力不足。有了一个好身体，加上气的愉悦充满身体，心才能真正定下来，让我们知道如何面对生命，如何克服恐惧、嗔心、贪心，以及种种小心眼、心浮气躁等。所以，打造出健康的身体后，才可以真正谈如何打造我们的心，才有能力打造智慧、幸福的人生。

身心是互相作用的。想要有一个很健康的身体，有效的方法是用气、用定来打造。当你把身体的气、定培养出来，才能更好地把心造就出来。而心又是影响我们气的根源，同步打造与训练我们的心，有意识地克服嫉妒、焦虑、恐惧、嗔怒等各种负面情绪，获得平静而满足的心，好身体才能得到长久保证。如同前面我说过的：相由心生。也只有把心打造出来，才能够打造一个幸福的命运。

通过打坐，我们的心可以静下来，找到信心，强大自己的心性，慢慢达到心平气和。心平气和以后，加上 Alex 打坐帮助我们培养的气，使身体的五脏六腑得到血气平衡，往后，吃饭香了，情绪稳定了，身体健康了，晚上也不会失眠了。

同时，打坐帮助我们看到自己所有的缺点。当心平气和的时候，我们会看清楚自己的缺点。你会反问自己为什么这么浮躁，为什么脾气这么大，看清楚自己做人做事的不对之处。因此，一旦看清楚自己，承认自己，我们便会开始逐渐优化、改善自己，进而真正开始打造自己的幸福人生。

朋友们，当你能够做到以上这些事情的时候，才能真正找到幸福。为什么？第一，因为你有了好的身体。第二，因为你克服了心浮气躁，克服了嫉妒心等种种负面情绪，所以产生智慧，继而让这些人生最宝贵的智慧带领你朝真正幸福的人生大道走去。

智慧是造就我们幸福的第一个重要因素，没有智慧，我们就像没有灯塔的指引一样，根本不知道往哪里走，于是每天惶恐，不知道做得对不对，不知道如何处理家庭、爱情和事业。唯独有了智慧，才能清晰找到方向，方可造就自己的命运。我们的幸福是凭智慧一点一滴带领着自己披荆斩棘铸就的！记住，只有智慧才能够带领我们往前走，但智慧需要一个好的身体来支撑。

我们有了智慧的心和健康的身体，便有强大的信心帮助自己打造真正的幸福人生。朋友们，这就是真正的打坐养生，希望 Alex 打坐法能够帮助大家找到自己的幸福。

调和血气，克服抑郁

商业网络时代，知识爆炸带来冲击，造成心理健康隐患：焦虑不安、抑郁烦躁等。《中国国民心理健康发展报告2017—2018》显示：心理健康问题已到“刻不容缓”地步。随着生活节奏加快，人们承受的压力也越来越大，容易产生抑郁情绪，如果抑郁情绪不加以控制，就有可能导致抑郁症。我发现，很多抑郁症患者没有意识到自己的问题，很多人也不愿意承认，不愿积极面对、及时治疗，怕被贴标签、被笑话。其实，这是完全没必要的，应该坦然面对，积极治疗。习惯性抱怨、烦躁、焦虑、不开心、没有自信、失眠……对生活没有热忱、提不起精神、缺乏对生活的兴趣、对性生活兴趣低……这些都要引起注意。现在抑郁症也在困扰很多孩子。我一位朋友的女儿在一所重点中学的尖子班读书，班上就有两位同学得了抑郁症，一位常用小刀割手，另一位休学。能进名校尖子班说明孩子是很优秀的，却因为学习压力大，情绪没有及时得到梳理与调整，以致得了抑郁症，多么可惜。现在社会上越来越多的年轻人有这个隐患。所以，这是一个刻不容缓，值得全民关注的问题。

抑郁症，顾名思义，就是说对生活、对生命缺乏兴趣而郁郁寡欢。造成一个人的郁郁寡欢，最直接的原因是身体中的气血失衡、不协调。因此，医生常常会建议你多运动、出去走走、多和朋友谈天交心、多接触新鲜事物、保证睡眠质量等。然而，这些方法往往治标不治本。情况严重的患者，医生会开药治疗。但服用药物后，患者往往会想睡觉，久之神经迟钝，对一切事物提不起兴趣。

对于抑郁症，我把它分成两种状态。一种是因为突发事件而产生的，例如家庭变动、事业不顺、生病不适等，这些突发导因所造成的抑郁情绪比较容易处理，只要经过休息调养，自然就会好转。

另外一种情况，抑郁的种子是与生俱来的，一旦有任何事情触动它，也就是说时机成熟的时候，抑郁的情况会变得非常严重。当压力来临、身体不适或诸事不顺的时候，症状都会加重。有的时候，即便事情顺利了，依旧让人郁郁寡欢。

打坐是很有力，立竿见影克服抑郁情绪的方法。但前提是，必须要先通过打坐起拙火，训练出充足的丹田气。很多实际例子已经证明，只要把心静下来，通过打坐把气血调和好，尤其是拙火一旦起来，所有的烦恼、痛苦将很快消失，这是可遇可求的，也可以反复练习。

但即便如此，抑郁症状仍然会不时回来困扰我们。前面提到，这种与生俱来的抑郁种子，只要时机成熟，就马上开始萌发。在这种情况下，打坐可以使症状得到好转，但并没有真正治根，没有真正治本。

引发抑郁症的根本之处在哪里呢？其实就在于我们的习性，也就是我们的个性，有可能是饮食上的习性，如习惯性吃得不对，也有可能是我们习惯性太挑剔，或者是我们本身的习惯造就了这样的个性。很多朋友常常会把不顺心的事情往心里面积压，而这些自责、自疚的行为就是引发抑郁症的种子。时候一到，种子开始茁壮成长，慢慢发展成我们所谓的心理疾病。这些不顺心的事一旦积压，化成心病，就必须要治心才能彻底根治。我曾经遇到一位朋友，他说觉得人活着已经没有意义了，想要结束生命。这种事情我遇到过好几次。我常常告诉他们："不要以为死去就可以解决所有的问题，那不是解决的方法，因为你给自己造就了一种自杀的因。"我一再强调，在当下就应该把这些问题找出来，很好地解决它，而不是选择轻生，以为死了就能一了百了。

气是最重要的治疗工具，也就是我前面介绍过的打坐养生。如果有了气，有了定，你就会开始注意到自己的个性以及行住坐卧中存在的问题，会发现自己做得不足的地方。也许你还会发现自己个性太弱了，发现很多事情埋在心里，久之变成抑郁症的种子，诱发心病。

治疗心病，就要开始修心。如何修？克服种种嫉妒、贪心、嗔心、恐惧等负面情绪，时时刻刻观照自己的心，检查自己的心。观照以后，知道自己的问题所在，承认自己的缺点，然后利用智慧、气、定来时刻纠正、改善自我，让我们从原来不健康的状态中抽离出来、改变过来。因此，从心、从观念上下手，才是真正治根的方法。

Alex 打坐法和情绪管理体系帮助很多人克服了抑郁症的困扰，重新燃起对生命的热忱和信心。下面和大家分享其中一位朋友用 Alex 打坐法疗愈抑郁症的经历。

2018 年 1 月 9 日，这位朋友与我交流：“马老师好！我曾几次陷入抑郁深谷，当时感觉人生完全没有希望，只有痛苦，之所以没有走成绝路是因为家人的爱把我拉回来。回想每次陷入抑郁都是由于身处某种高峰（学业、事业），但后来似乎又不想承担或承担不起就跌落了下来。在自己‘积极’的时候，能做得成绩比周围人高很多，但一旦‘消极’，所有能力几乎归零，完全没有安全感。我也疑惑自己为什么会这样，我从小到大的学业、工作中，在我正常的时候，别人会认为我性格很好，能力也强，但不知为什么我还是会经常感觉非常没有安全感。

不是矫情，是真的陷入抑郁时的痛苦、迷茫和绝望。我是去年夏天偶然结识您的打坐禅修，您的每次分享我都认真听，很多疑惑慢慢解开。老师的分享能让我正视自己的'浮浮沉沉'，给我力量、方法、温暖、理解和爱，让我有信心去接受自己的'浮沉'，一点一点地战胜自己，优化自己。听着老师的声音能让我纷乱的心静下来，情绪使然的不理智随着老师的声音被拨开了，处理事情的智慧又显现出来，睡眠也有了很大的改善。

"在打坐方面，我完全是从零开始，气感还不是很足，但单盘不难，坐上半个小时都不会难受。1 月 6 日参加了马老师的现场打坐课，当天我本有比较重的感冒和咳嗽，打坐时竟然感觉不到了，这应该是气的作用，也给我信心按照老师说的方法每日坚持，哪怕一秒钟。"

2018 年 5 月 8 日的记录："在经过了极其痛苦的抑郁低潮后，我除了每天听马老师的语音分享，还能坚持打坐了，开始想做事情、想运动、想与人交流了。每天都能感受到自己越来越轻松，本以为永远失去的快乐渐渐回来了……但是马老师有一句话一直警示着我，就是老师曾特别提醒大家注意的：'请学习等待下一次的低潮来临，不是来不来，而是什么时候到来，无人能够幸免。'

"老师说这句话时，正是我陷在低潮难以自拔的时候。第一次看到老师说低潮会一次次侵袭，我不禁心生恐惧。低潮是如此痛苦，仅一次就足够击垮我，但它还会一次再一次地到来，而且无人能够幸免，我从心底里抗拒这样的‘自然法则’。但是‘自然法则’绝不会按照某个人的意识转变，不论这个意识是多么的强烈。是的，我的经历不就已经验证了吗？我不是第一次抑郁了，高高低低，起起伏伏，每次爬起来时都极其希望是最后一次，但是这次又跌到了低谷，连自己都说不清什么是压倒我的最后一根稻草……

“不过我这次从抑郁中恢复，与以往相比有一个重要的不同，那就是结识了我们这个打坐交流群，听到了马老师对人生的智慧解读。在我变得兴趣索然而无法继续时，就仅保存着对这个打坐交流群的关注，想听听老师又分享了什么新的智慧，同修们又有什么新的领悟了……这成为牵引我走出来的救命稻草。

“马老师通透地分析了人生的‘来’与‘去’，令我再痛不欲生也万万不敢轻视自己的生命，不敢做很多抑郁症病人一念之差走上的不归路，也使得这次的恢复是历次以来最快的。我明白了既然不能走绝路，就只有走在今生优化自己这唯一的路上；既然不可能避免再一次陷入低潮，就只有坦然面对，勇敢地准备迎接下一次低潮！

“经过这次抑郁，我变了。我敢于坦言自己的经历，敢于面对自己的缺憾了。最重要的是有了马老师的智慧指导，我获得了极大的信心，敢于迎接下一次的低潮，也相信自己还能走出来，而且能走得更稳健！”

2018 年 5 月 23 日的记录：“马老师好！我已经完全停药了，不论是抗抑郁药还是安眠药。我想自己是彻底走出来了，不是说抑郁不会再来，而是即便它再来，我也知道如何去与它对峙了，修习将成为我毕生的功课。我通过马老师传授的实修方法——打坐、观心、对峙贪嗔痴等负面习性和情绪……一点一滴地做着，慢慢地感觉到智慧、勇气、信心、快乐、活力重新回到了我的身上。

“我回到了正常的工作生活轨迹，并且站到了一个更高的位置，用心审视之前的种种行为、起心动念，原来每一次的抑郁无不起源于自己的贪、嗔、痴、慢、疑等负面习性，是自己的问题而不是外境。马老师传授的修行方法是如此实用，让我有信心即便抑郁是我累世的业力所致，我也要用尽这一世的修习使得今生来世获得解脱，成就有意义的人生。”

2018 年 6 月 13 日的记录：“打坐打卡 37 天。今晨打坐 45 分钟，热感比昨日更强。看到了老师在交流群里分享的一位朋友的心得，很赞叹她有勇气承认自己的抑郁症，很高兴看到很多朋友给予她理解和鼓励，更欣喜她从中获得力量，有信心走出来！有人把抑郁比喻成‘心灵的癌症’，但我更愿意称之为‘心灵的感冒’。有谁会因为得了感冒而难以启齿、羞于见人？有谁会强求感冒不能复发？它只不过给自己提了个醒，是在某方面不足了，该休息就休息，该调整就调整，如此而已，不必畏之为洪水猛兽。在战略上轻视它，但是在战术上要重视它。如果发觉自己的情绪持续低落一段时间，医学上认为是两周，基本判定是抑郁症。不主张自己戴帽子，但是要了解自己的情况，不能再陷下去，最好在两周之内就及时调整。可以向所信赖的亲人朋友倾诉，可以去运动去发泄，可以去唱歌去旅游，可以动用一切可以用的方法，只要不违背常理……而我们如果发觉身边有人在一段时间内似乎与以往的状态不同了，本来开朗活泼的变得沉默寡言，本来勤勉多劳的变得懒散无力，本来热心助人的变得冷漠寡言……那么他（她）可能就在经历自己的'心灵感冒'，请对他（她）多一些关心，认真倾听他（她）所倾诉的，也许无须过多的语言，只是陪伴他（她），陪他（她）走过这一段艰难的时间，他（她）就会满血复活。当然在这期间，如果能用上马老师的打坐修心等法门，会有立竿见影的效果。总之，抑郁不可怕，得了抑郁也不丢人，敞开心扉，只要扛过去，必定会迎来更加精彩的明天。即便它会再来，那就再扛过去，每一次都是提升的机会。加油！”

这是一个非常具有代表性的案例，这位朋友的毅力和努力帮助他走出了抑郁的阴影。希望有更多受抑郁情绪困扰的朋友，能够通过 Alex 打坐法和情绪管理体系，获得身心的帮助。心病需要用正确的方法、智慧来处理，而打坐是极好的选择。打坐的效果立竿见影，可以调和血气，让你马上感到舒服、快乐，症状自然好转，甚至消失。在打坐的同时，必须利用好定、气的力量，帮助我们克服种种负面情绪，才能真正根治抑郁症。

重燃性生活的激情

前面已经清楚地向大家介绍，通过打坐，因为气和定的作用，让气充满五脏六腑，达到气血平衡，保证身体各项功能运转好，自然而然产生一种愉悦感。尤其是在我们吃饱、睡足后，这种克服日常压力后产生的愉悦感，常常会转换成一种性的欲望，也就是一种让我们对生活、对生命产生更高要求和期待的欲望，同时，会对我们的正常性生活和婚姻起到很大帮助。

现今，很多朋友因为生活压力或各种原因，性生活受到困扰。因此，我想给大家分享一些打坐朋友的反馈，是他们通过学习对其自身所产生的改善。

一位朋友说："今早听完马老师昨夜的分享，觉得像看到今天北京的太阳一样，很灿烂、很舒服。老师讲的'只有驯服自己的贪心，才能好好地享受生活'，我认为太经典了！太有智慧了！性欲也好，食欲也罢，都是我们自己的欲望。还记得曾经问老师，通过打坐，我的性欲增强了，不知道该怎么控制。老师回答说那都是我的福德报应，让我有节制地去享受它。我豁然开朗。我不知道怎么去表达，只知道老师分享的每一句话都那么简单朴实，却充满大智慧。”

首先很感谢这位朋友的真挚反馈，很高兴看到他可以重新面对生活，给自己带来快乐，解开了心里积存多年的结。正是因为打坐产生气、定以后，均衡地调节了周游全身的气，如果加上吃好、睡足等条件，性欲会马上得到增强，同时这又代表着我们对生命有了另一番期待，又重新充满希望和热情。

在现今生活节奏如此快的社会，我们总会看到很多出现婚姻问题的家庭。夫妻生活不和谐，是婚姻问题中不可回避、忽略的重要因素之一。必须得承认，现在是一个知识爆炸的社会、知识泛滥的时代，对于性生活，我们应该秉持一种透明而理性的看法，不能再把它看成肮脏、龌龊、罪恶的。这种看法也许在古时候更为常见，当然这并不只是中国人才有的看法，西方很多国家都会有。可是你不觉得，在今天这个社会，万事越来越公开透明，我们是不是应该重新看待这个事情呢？婚姻除了传宗接代之外，是不是也应该有激情和享受？

我想，打坐能真真切切地帮助到大家，尤其是男性朋友，当气打足以后，便能克服很多生理上的障碍。很多时候不敢启齿的问题，打坐可以自然地、轻松地帮你解决。而女性朋友，通过打坐，我希望能激发她们身体里的一种激情，唤醒她们重新面对生命的热情，同时也希望让她们了解这些都是正常的，是能够带来生命热情的种子，是天生的、无罪的。只要我们不贪，就应该去好好享受它。我相信，如果男性朋友能克服心中不敢启齿的障碍，而女性朋友能用智慧把自己的偏见纠正过来，都有正确的看法和健康的性生活，那你们的生命会完全翻开新的一页。这是何等有意义的事情！

我在美国看到一篇访问文章，被访问对象是一对几十年恩爱如初的夫妇。先生接受媒体采访时，被问到 80 多岁还能坚持工作，而且健康快乐、夫妻恩爱，秘密是什么。这位先生说“once a month”，意思就是一个月有一次性生活。我想不必多说什么，他给男性朋友做了“表率”，即便 80 岁，依然老当益壮。我也想对女性朋友说一句：“你的生命中永远燃烧着这一份热情，这是一件多么美好的事情。”

在这里，我很严谨地告诉大家，只要坚持打坐，这些都是会发生的事情。希望看完我说的这些，你心里有所准备，也希望你能陪伴自己做准备，重新展开生命的另一页，准备接受新生活。不管你以前的生活是怎样的，性生活的品质只是其中之一，我相信，通过打坐，你的整个生活，包括智慧、信心在内都会有很大程度的提升。你会明白生命的意义和可贵之处，重新面对未来的人生。

克服焦躁，打造更强大的心

分享到这里，我想大家已经完全了解打坐可能、应该、将会给我们生命带来无价的帮助。朋友们，我还想强调一点：一个人的生命最主要的地方有两个，一个是身，另一个是心。如果想要过更丰富、更有意义的人生，就必须得从我们的身、心两方面好好下功夫。

在身体方面下功夫，我多年来都是坚持打坐，通经脉，走周天，证到了三摩地，甚至证到了光明（佛性）等等。前面已经介绍过，打坐可以帮我们打造好的身体，修身养性。当然也要注意吃好、睡好，还要注意多运动等等。可是，不论是吃还是运动，你都要从好的精、气、神里造就自己的身体。运动和吃只是一个过程而已，最终目的是要有好的气血。而气为血之帅，可见气是根本。50 多年来，我就是凭借坚持打坐，让自己拥有健康的体魄和积极的精神来应对与处理商场上遇到的各种艰难困苦。

我们从母胎带来的先天之气，是造就身体的根本因素，因此，要身体好，最终还得靠这个气。我所知道的把气讲得最清楚、最彻底、最究竟的是中国道家。中国道家主张依靠打坐，把气激发起来，从而真正造就好的身体。打坐能帮助我们静心，心静之后能帮助我们入定，心平也自然气和，更重要的是用我们的心领导这个身体。如果你的心充满焦虑、恐惧、抑郁、愤怒等负面情绪，没有一个健康、放松、充满智慧的心，那它便无从领导你的身体正常有序地运行，健康自然会受到威胁，无法打造真正完美、有意义的人生。

我相信，每一个人都会经历一些情况，例如女性朋友常见的无缘无故心烦气躁，男性朋友对压力的控制无从下手等。这背后所隐藏的困难，你们知道是什么吗？面对曾经承受的种种不愉快、自责、自疚，或者别人带来的痛苦，各种压力积压在我们的身体里。以上这些问题，在当下的日子里，随时随地都可能再次出现。如果想要有一个很有品质的人生，是不是应该先把这些最起码的烦恼去掉？

因此，最终还是得回到这个心上。我认为把心说得最清楚、最彻底、最究竟的就是佛教。佛教中对于心最究竟的证悟就是所谓的佛性，即释迦牟尼佛所说的众生皆具的佛性。在心方面下功夫，很好地净化它，就必须要克服贪心、嫉妒心、恐惧感、嗔心等。只有克服这些，才能够打造真正强壮、有智慧的心。而当我们在克服这些负面情绪时，必须得有定的功夫，同时还必须有气来帮助，才能真正把心管理好，完全净化。通过打坐所培养的气和定，使我们拥有净化后智慧的心和一个健康的身体，你将无往而不利，幸福、有意义的人生指日可待。我认为，通过这些方法所造就出来的幸福和满足感，远胜于一切能够想象到的美好。但别忘了，所有这些只是一个开始而已，因为往后的路还很长。如果你希望得到荣华富贵，希望成功，或希望平平静静地过日子，有一个美满的家庭、幸福的未来，这些都只是开始。

这些年在打坐的过程中我带了很多朋友，他们走在身心双修的道路上。就是因为坚持打坐，坚持用自己的定、气时时刻刻陪着自己，观心守丹田，他们本身的自我察觉能力才得到增强，时刻知道自己为何又生气了、为什么心情又不好了。同时因为心静下来的关系，他们会知道自己今天心情不好的原因其实并不重要，例如原因是别人多年前说的一句话，那是毫无意义的。

在打坐的路上，通过一点一滴、持续不断的努力，静下心来审视自己，陪着自己的心，把以往自己认为最重要、最困扰的事情一个个解开。这个过程，可以提高我们的生活品质和幸福指数，让未来可期。这不仅是在帮助我们自己，同时也可以慢慢帮助身边的人，让他们都有正能量去正确面对生活。

通过打坐看清楚自己，克服自己的负面情绪，从而打造更成熟、更有智慧、更自信、更强大的内心吧！

第五章

坚持打坐的真正意义

用定的智慧引导未来

打坐的最终目标之一就是定。而定里有很大的学问。我们常说“戒、定、慧”，通俗来说：心定之后便会产生智慧，而我们需要靠智慧引导未来。我们的成功、失败，快乐、痛苦都和智慧息息相关。可以这么说，你的智慧有多高、有多深，往后取得的成就就有多大，这是呈正比的。

智慧的得来，绝对离不开定。当你入定的那一瞬间，不再受到七情六欲的影响，智慧自然呈现。就好比，如果夜晚没有云层，我们便能将月亮尽收眼底。月亮好比智慧，在平常行住坐卧中，我们的心往往会受到七情六欲的影响，就像晚上的月亮被七情六欲这个云层所遮盖，月亮无法显见。而在入定的时候，云层消散，明月自然呈现，那时我们才找到了智慧，能够圆满地处理事情，带领自己朝幸福的人生和成功的未来前行。

定力使你的心静下来，才呈现出智慧，用智慧引领着自己往前走。只要跨出这一步，你已经成功 30%，开始朝这条殊胜的路走去。在这条路上，如果能够继续付出时间、努力和毅力，得到智慧，收获幸福和成功是指日可待的。

细观身边的人，你会发现，但凡成功且富贵持久的人，他们绝大多数都是平易近人、有智慧，能够处理好自己的事情。所谓富贵不持久的人，他们往往因为一时的运气或短暂的福报而让自己看起来很风光、很有成就，但如果没有智慧、没有厚德作为背后的支撑力量，这种成功依然是无法长久的。

当坚持打坐而把定造就出来，你就有了智慧的力量。像前面给大家举过的例子，苹果公司的前 CEO 史蒂夫·乔布斯在做重大决策前，往往会坐在空旷的房间里打坐，把心先静下来，由静生定，再由定找到智慧，让智慧帮助自己做更周全的决定。打坐造就了定，继之运用到实际生活中，把坐上练就的定力融入到行住坐卧之中，训练我们的心能够在生活中时时保持定力，通过定而不断产生智慧，用智慧指导行为，又在行为实践的过程中获得更多的智慧。知行合一，形成良性循环，一脚定力、一脚智慧，再加上我们付出的毅力，最终将打造人生的成功幸福、自在满足。但这种成功不可能一两年就能获得，其中存在一定的困难，所以才说成功的人永远是少数，因为愿意付出的人也永远是少数。我希望你们都能记住这一点：只要付出了，就能得到回报。时刻勉励自己，告诉自己，这是一件不容易的事情，只有往前走才能到达目的地。

这只是一个开始，如果能够长此以往坚持守定，会有更深层次的意义，能够给我们创造未来真正的力量——一颗如如不动的心和圆融无碍的智慧。我希望给大家传递这个信息，也希望大家不要把这件事情看得太神化、太神奇，或者认为高不可攀。你们是社会精英，是社会的中坚力量，只要花时间，要做到定也并不是那么难，难的是没有花时间、也没有用对方法。我在这里把定说得清清楚楚，没有任何悬念，很透明地摆在你们面前，只要肯花时间，肯按照这个方法去做，定迟早属于你。

因定生慧，成功、幸福将会一直陪伴着你。我希望你们明白，不要有幻想，只要踏实去做，幸福的日子是可以永久的。当你有了智慧，克服了自卑感，就真正知道了什么是人生，什么是生命。这就是定的力量。我希望你能扎扎实实地一步步往前走，拿出智慧，拿出毅力！

打坐最高层次的定力

在东方佛法里，精髓就是从这个“定”开始进入的，它的第一个一大步，在修定之后开始证所谓的“三摩地”。三摩地是什么？我在学佛、读经书的过程中发现，经书上会把三摩地的含义典型地解释为“心系于一境”的境界。这句话理解起来并不难，它的实际理论是什么？这个理论的背后，它的真谛、感受又是什么？这句话的背后所牵引出来的实际意义，所谓《金刚经》的心，《心经》的心，六祖所谈的“不思善，不思恶”真如的心，全部都从这里真正开始。

希望大家在了解佛法的精髓后，最重要的是知道如何面对生命，把生命创造得更积极、更有意义。不单单是为自己，对于身边的家人、朋友，我们都能够帮助他们，但我们第一个要帮助的是自己，首先要明白自己到底在做什么。

今天，我给大家谈的是心。从定开始，后面最重要的一个目标是“知道什么是打坐，而且会打坐了”。当你“知道什么是打坐，而且会打坐了”代表着你证到了真正打坐的精髓，也就是证到所谓的三摩地。前面花了这么多章节去介绍打坐，其实大家最终需要达到的重要境界之一就是“三摩地”。

三摩地，简单来说，也就是这个修行人“知道什么是打坐，而且会打坐了”，进一步来说，是这个修行人看到了自己的心。代表什么意义呢？今天我们生命的存在，基本上是因为有这个身体，而身体上有眼、耳、鼻、舌、身、意六识功能。正如眼睛能够看，耳朵能够听，鼻子能够闻，舌头能够尝、能够说话，“身识”包括脑内记忆体，能够功能的五脏六腑及大脑具有传递思维功能的神经系统，“意识”能够透过大脑神经系统协调五识记忆体等功能，运作概念思维，发号施令，决定行动。

我们之所以能称为人，是因为我们的行为是这六识综合作用、相互交流的结果，都由我们的意识，即心，来决定我们看到什么、说什么、做什么，一切听从心的指挥。今天我们产生这么多痛苦，或者产生这么多兴奋，最主要的原因还是在于心，而这个心帮助我们面对社会、面对人生。相应地，因为面对社会、面对人生，眼、耳、鼻、舌、身，这五个感官接收传递了快乐与痛苦给我们。我们永远都在与之打交道的就是这颗心，佛法精髓中的精髓就是这颗心，必须要彻底了解这颗心，才能了解生命。

《心经》中的心，《金刚经》中的心，还有唯识、佛性，都是指的这个心，只是心的程度、深度、维度不一样而已。当打坐入定到一个称为三摩地的境界时，它已经超越眼、耳、鼻、舌、身、意的功能。

我想用最简单的方法给大家讲明白这件事情。我们活着的时候，眼、耳、鼻、舌、身跟意（即心）一起协调作用，达到表达、感觉等结果。而在打坐时，由于我们“定进去了”，心能够专一地守着定，此时我们心的层次在逐步提高。而提高的体现是什么呢？是心的感觉，暂时感觉不到无识：眼、耳、鼻、舌、身的存在。从六识眼、耳、鼻、舌、身、意（心）感官中提升出来，最后只剩下“心”。

这时“心”能够被我们清清楚楚地找到、看到，不要认为它有颜色，不要认为它有味道，也不要认为它有形状。如果你想要寻找自己的心，认为它有味道、有形状，那就错了。这也是一般人难理解的地方。所谓修行者“实修亲身证悟”，就是这样的觉受，完全有别于传统认知，及身体状况的理性分析。

我们之所以在日常生活中感觉到有味道、有颜色，是因为这个心（意识）和眼、耳、鼻、舌、身这几个感官交互作用而产生的结果。但在“入定”时，这颗心完全跟五识暂时分开而提升出来。这个“提升出来”也就是所谓修行者的“亲身证悟”，当下这时“心”是如如不动的、纯度好的，如此这般境界就是“三摩地”，也就是《金刚经》所说的“应无所住，而生其心”的境界。

心住在“没有地方的地方”

三摩地的境界，在于把心从我们的眼、耳、鼻、舌、身分离出来，最后只剩下“心”。在这个时候，心呈现的状态是暂时和其他五识分开，让我们自己的识（感官）只感觉到一种存在的意识。在那个境界中，我们坐在“定”中，没有身体的感觉，脚、腿、肚子的感觉也全部没有了，眼睛静静地闭着，没有身处环境的感觉。如虽然坐在屋子里，但没有屋子里的感觉，也没有白天、夜晚的概念，而更深层的，你连自己的名字都不记得了。而且所有的颜色、形状、喜恶等记忆力都暂时消失了，通通不在当下的感官里。

为什么会这样？因为我们的名字、知识、白天、黑夜、快乐、痛苦，所有这些后天学习到的内容和感官信息原本存在于大脑里，而大脑本有一个记忆体来存储以上信息。但当进入三摩地状态时，我们的心跟身体暂时脱离开了，心的层次得到提升。

在进入三摩地的当下，从旁看，这个修行人坐在某个地方，身体看起来没什么变化，但他的心跟他的躯体、感官全部分开了。他当时的感受是怎样的？他根本就不记得记忆体中的信息，诸如名字、性别、工作、家人、爱好等。他没有了身体的感受，也没有呼吸的感觉，在这种情况下，自然而然会产生一种愉悦的感受，这个感受完全是人跟自然界合一，是一种愉悦的磁场的感觉。记住，这时不可能有颜色呈现，也不可能有佛、菩萨出现。如果你说这时看到佛、菩萨，那也不对了。

以上境界并不是用语言能表达详尽，或通过读经书能了解得到、触摸得到、感觉得到，或在经书上能读得到、了解到的，必须要亲身实证才能完全体悟。用一个不一定很合适的例子来说，好比吃西瓜，不论我怎样形容吃西瓜的感觉，一个没有吃过西瓜的人，永远不会清晰地感同身受，能够体会到西瓜一口咬下去，那水润润的口感，沁人心脾的芬香，诱人的甜味，没吃过的人都不可能感觉得到，这就是“实修实证”。

佛法之所以深奥，一方面就是因为这种证悟，必须要由当事人亲身遇到、证到。只有在这种证到的情况下，你才明白：原来宇宙是这样形成的，原来我们是如此被心所系，或者说我们能够如此自在，全是因为这颗心。既然我们知道了心的这种存在方式，之后我们会对自己的生命有进一步的认识或者说重新认识。我们会知道命运掌控在自己的手中，与别人无关。只要方法对了、时间到了，我们所希望的、所要求的，不论成功，还是荣华富贵，不论快乐，还是幸福，自然都有机会和权利去拥有。

因此，专一精进的修行人，他的心很定，没有自卑感，后面会达到如如不动，不受外界的诱惑，他已明明白白地知道了自己的心。这种状态就是三摩地。而三摩地只是打坐的一个境界，境界的意义是作为修行者知道什么是打坐，而且会打坐了，他的心定在“没有地方的地方”。看清楚，他的心定在“没有地方的地方”。如果你听说过“心系于一境”，这话并没有错，但你没有证到那个地步，常常会认为自己的心也许定在一个具体点上。你的心的存在本身就已经是一点，然后你再用这颗心去盯着另外的一个点，这样的授受关系，就变成了两点，完全不符合三摩地“心系于一境”的概念。在这个理解、解释方面，我经常看到很多人没有真正明白。

因此，整部《金刚经》里最重要的精华是“应无所住，而生其心”，也就是说当一个人证到三摩地的时候，他的心所归属的地方就是“没有地方的地方”，他的心暂时跟自己的眼、耳、鼻、舌、身分开了。这种情况下，心存在两种状况，一种状况就是“我存在”，还带有“我”的意识在里面，第二种状况，如果再往上提升，连“我”都没有了，只剩下“存在”。

往上还有一层境界，不同的经书甚至会有不同的认知。但没有关系，只有自己证到那个阶段的时候，才能真正去解释经书，而不是让经书来教导我们。的确，经书应该教导我们，但当我们证到的时候是我们去解释经书，这才是找到人生大自在的开始。

乐空双运：彻底清除负面情绪

我很兴奋，可以跟大家谈谈“乐空双运”这个话题。在传统上，乐空双运常常不会被公开来谈，甚至连经书上，相关的解释也只是两三句话带过，不会随便介绍细节。乐空双运几乎是修行到最高阶段，密宗无上瑜伽部最重要的特殊修习法，这个方式的重要性，你们会越来越清楚。

今天公开来谈谈，本来我不应该谈，但还是想把它说出来。这是一件非常重要的事情，为什么我能够谈？为什么我有经验？为什么我会达到这个境界？后面会给大家交代清楚。

话说回来，乐空双运的乐是什么？空是什么？我们先谈简单的空。空就是打坐到入定，继而进入三摩地后，在定里面所达到的那个境界，是一个空的境界，是“应无所住，而生其心”的一个境界。前面我已经跟大家介绍过，这个境界证明你会打坐了，知道如何管理自己的气、定。

而乐空双运的乐，就是快乐、大乐。通过打坐调动激发身体中的先天之气，因为气的作用使我们的身体产生乐，而这个乐的感觉非常重要。乐的感受有很多种变化情形，刚开始时，它会产生一种大乐。就像身体健康情况很好的时候，比如睡足了、吃饱了，心情愉快，气血平衡，产生一种性欲的乐、性的欲望，这个欲望会随之增长而产生所谓的大乐。在打坐中产生的乐，它的殊胜远比前面介绍的平常的性欲的乐来得美妙。

这个乐，除了在身体状态好的情况下会发生，在打坐中也会发生，原因有：第一，我们的气在身体中，在五脏六腑里，充足且平衡了，从而产生一种舒服的乐。第二，这个气行走在任督二脉里也会产生乐。第三，气在我们的中脉之间蹿动产生的乐，这个时候产生的乐，可以说非常殊胜。

为了克服我们的贪、嗔、痴，包括嫉妒心、恐惧等种种负面情绪，初期，可以用自己的方法，譬如观想、给自己疏导、给自己智慧，说服自己不应该生气、不应该做这件事、不应该有嫉妒心等，这种最基本的疏导方法。但真正转变自己的心，把习性从根本上改变过来的时候，你会发现原来那些方法不再有效了，是心有余而力不足，已经到顶，克服不下去了。

我们已经知道克服这些负面情绪就是帮我们造就智慧，而造就圆满智慧就必须要把贪、嗔、痴这些负面情绪的根完全拔掉。要想拔除干净，非得要有定和气。比如进入三摩地后有了定，有了气，同时产生乐，你把乐、定，还有定里面的空，一起和自己的心守在一起，融在一起，就能产生内心的强大力量。刚开始，要进入定的状态，很明显是要靠坐上的打坐功夫，但光打坐时达到这种状态还是不够的，要在平常的行住坐卧，以及处理家务事、公司事务等时候，都随时能够进入“定”的境界，才能产生力量。而由“定 / 空 + 气 / 乐”产生的这股力量将带来内心的平和、愉悦、满足，造就强而有力的磁场。乐空双运的持续作用，使负面情绪在这种磁场中无法升起或存在，因为负面情绪被乐空双运所产生的磁场融化了，因此智慧很清楚地呈现在我们的意识里。我们知道自己应该如何面对生活中的一切，包括所有困惑。所以，乐空双运所产生的威力是：第一，“气 + 定”可以驱赶当下所有痛苦情绪，心情立马开朗乐观起来。第二，帮助从根本上克服与生俱来的负面能量，包括贪、嗔、痴、恐惧等等，并完全拔除。这是因为气化为“乐”，定化为“空”，“乐空和合”无坚不摧，能驯服所有负面习性，假以时日，以毅力和努力坚持自我训练，可以彻底克服所有情绪问题。第三，“常得乐与空相伴”，畅旺血气，滋润身体，增强免疫力，因此可避免 30%—70% 的气血疾病。这就是所有修行人梦寐以求、倾毕生努力想要达到的“乐空双运”。

彻底摆脱情绪困扰，积极面对生命

成就解脱，我相信是很多人梦寐以求的境界。在这里，我不想用很多晦涩难懂的大名词来解释它，只想用最靠谱、最接地气的文字做分享。成就解脱，就是我们不再承受生命的痛苦，不再让命运来折磨我们，我们能够活得很自在，获得没有痛苦，只有快乐的生命、生活。

那怎样才能够成就解脱呢？我们必须有一颗如如不动的心。如果我们的心能够如如不动，不受七情六欲的负面影响，过自在满足的生活，是不是一种美满的解脱？我想，真正意义上的解脱，最后所达到的就是不受七情六欲的困扰，在人生道路上满怀热情地往前走。

要达到心如如不动这个境界，从两方面来谈：一方面是智慧、心理层面，另一方面是生理层面。只有在心理和生理同时达到这个境界时，你才能真正造就如如不动的心。如如不动，并不是死死不动，死死不动是没办法真正存在的，那种死死不动的日子，还不如不过。

要成就如如不动，先从心理上来讲。心理层面，就是智慧的作用。如果我们有了圆满的智慧，就可以克服嫉妒心、贪心、恐惧、忧虑等负面情绪，知道有节制地过日子，知道可以享受生活，但不能贪。有了智慧，我们就不会再自卑，对人生会有热忱和信心。说起来好像很容易，但实际做起来非常难。

要做到心理、智慧上的圆满成就，必须得克服嫉妒心、嗔心、贪心、恐惧心等负面情绪，这才有所谓的修心。初期，你可以用一定的智慧、正确的知见，来帮助自己克服、梳理不良情绪，这在一定程度上有修心作用。等你达到某种程度，常常会发现“道理明白，但心做不到”，心有余而力不足。这时力要从哪来？从生理上来，用打坐产生的气和定来帮助自己，有定力才能真正放得下。而心理上的智慧和生理的定是相辅相成、互相作用的。我们知道定生慧，当定帮我们创造了更多智慧，智慧帮助我们克服更多的负面情绪时，这些反过来巩固、加强了我们的定，如此良性循环。智慧和定，一左一右，互辅互助，帮助你的心越来越平静，越来越不容易受外界的影响，负面情绪越来越少。当那些容易暴露出来、容易被捕捉的、粗的负面情绪被克服得差不多时，那些细微的、不易觉察得到的负面情绪，依然会让心因为外界的影响产生涟漪，有微微的波动。因为习性的惯性、情绪的根没有被完全拔除。比如粗的嫉妒心修好了，就要把微细的嫉妒心都断掉拔掉，否则你的智慧达不到圆融，也因此不可能成就解脱。这时，你还必须有一个磁场帮你守在定力里。

因此，在修智慧的时候，必须要靠我们自己的定力，才能够全面克服种种贪心、嫉妒心、恐惧等等。而当圆满克服这些负面情绪后，心理上才能成就如如不动的状态。这时，你的心不会再因为外面的境界而贪、生气、嫉妒、惶恐等等，因为你已经修得智慧。

如若我们靠心理智慧成就了一半的如如不动，那另一半的如如不动是靠什么呢？靠生理。我们利用打坐产生的定力，有了定力，有了气，定跟气则会产生一个转换作用，因为定中间有空，乐空一转换，加上气在中间的作用，我们的生理会发生磁场的转变，也就是前面给大家分享的乐空双运。乐空双运会对我们的修持修为、努力付出产生一种绝对升华的效果。简单的气、乐、定、空、智慧的转变，让我们的心性打开了，我们接受这些智慧，接受这些新的观念，加上气跟定在中间所产生的催化作用，便能造就如如不动的心。这颗心不受到外界影响，即便别人来引诱你，你也可以在心的智慧明了后，理智地拒绝；当痛苦来临、诸事不顺时，智慧的影响加上乐空合和的作用，都会让你更加坚定，心如如不动，不会受外界影响。

所以，在心理上，我们得到了智慧的成就，而智慧圆融里必须靠定的力量，而定的力量必须要有气作为支撑，然后靠三摩地的定、空的境界才能产生乐空双运。因此，一个是心理上的智慧成就，一个是生理上的磁场转变，二者作用，便造就了如如不动的心，能够不受世俗困扰，能够成就解脱，就是这么简单。这里面没有一个大名词，很简单。这也是 Alex 打坐法受到大家喜爱、肯定的原因，简单、高效，能带大家走得很远。

下面来给大家分享一位朋友的经历，他的留言是这么说的："马老师，您好！感谢老师，我在完全放松的状态下感受乐空，此刻无肉体的感觉，完全在一种愉悦中，清晰地感受到磁场的转换。气在不断地向外发，空间很大，整个人被气滋养着。心量在磁场的转换中也在不断放大，仿佛被满满的爱意包围着……有愉悦的满足感，过了一会儿，突然感觉被一个气球包裹住身体，它随着我的身体伸缩，同时可以感受到气的流动。我完全被一层空间笼罩着，身体与外界有层气体隔阂着……"

以上是他对磁场转变的感受。当然，每一个人的感受会不一样。重要的是要给大家说明，因为你的心在改变，你的气跟你的定结合在一起后产生乐，就在乐的同时，空、定、气、乐一起产生的作用，加上你心的转变，一起产生这种磁场的排列，造就如如不动的心，造就我们成就解脱。

说到这里，我为什么要把这个千古不能谈的问题给大家分享出来？我给大家所分享的完完全全是我自己的证悟，是我从

17 岁以来不断地经历明心见性，起拙火，通任督二脉，进入三摩地，一路证下来的。后来我证到了乐，证到了空，以及证到了光明。其间，我克服了自己的嫉妒心、恐惧等负面情绪，因此证到了这种境界，而这种境界也在我的身上不停转变。睡觉的同时我会观心，平常在行住坐卧中，我也会观照这颗心。

1995 年以后，我碰到我的老师，进入老师的圈子里，把自己的感受告诉他们。他们说这就是空，这就是乐，这就是成就解脱最重要的工具。因此我想，这些是我自己一路摸索出的经验，我有权利分享给大家。可是为什么要分享给大家呢？2014 年 7 月 2 日，我回到北京后，看到很多北京朋友内心的无助，同时看到一些台湾的老朋友学佛 30 年了，仍然在原地打转。我看到大家所谈的修行、所谈的佛教，以及今天社会上种种学佛的方法及现象，顿时担心不已。担心大家走错方向了，担心很多人被误导了。那些真正喜欢学习的朋友，他们读经书时没有得到正确的指导，被很多艰涩的文字以及模棱两可的文章搞得摸不着头脑。

如果把我知道的这些事情明明白白、清清楚楚地摆在大家面前，我相信可以帮助很多朋友省去自己摸索或被误导浪费的时间，有效地把自己带回正路上。通过学习，大家会知道，成就解脱，去除人生的痛苦，正确有效、积极地面对生命，这并非很困难的事情，几乎每个人都做得到。可是如果把时间浪费在其他条条框框，无知的形式主义方面，你完全不知道自己在做什么，只能人云亦云，浪费时间。

同时请好好地问问自己，你说要成就，你是出于真正想要帮助众生，还是因为被生活的痛苦、困难打败了，想逃避呢?

我认为，这是我的责任，我应该帮助更多朋友看清楚生命，让朋友们知道应该如何修行、应该如何过日子，我应该帮助身边更多的朋友真正找到生命的意义。在学习 Alex 打坐法，很多坚持下来的朋友都受惠了，实际上，他们已经变得更强大、更有自信，告别了之前的空虚寂寞感，都在积极、开心地面对生命。

如果我们有一个正确的方式来看待生命，又有一个很好、简单易懂的方式帮助我们一步一步地往前走。我认为，这个方式可以帮助我们及身边的朋友，真正找到生命的意义。我们应该打造一个积极、有意义的生命。所以，今天我把这些说出来了，而且是有根有据，这就是很多朋友受益的 Alex 打坐法。我希望把这些信息传播给更多的人，帮助大家找到自己，让大家都能做自己，满怀正能量，高高兴兴地往前走。

珍贵的实证范例

下面，我想给大家分享一些珍贵的实证范例，都是一些朋友的亲身经历。通过打坐以后，他们得到、证到了一些心得，以及留下了一些记录。我分成两个部分来介绍，第一个部分主要谈的是气跟定，也就是起拙火跟定这方面的范例；第二部分则是关于三摩地的实例。

一、关于气、定的范例

一位朋友是这样说的："2018 年 3 月 7 日，我自己总结并实践的步骤大概如下。第一，初时打坐一定要严格按照马老师所教的正确姿势，这是地基。全神贯注，意念带气，重中之重是一定要放松再放松。这个放松是心松、身松，但腰背一定是挺直的。先有意识地跟身体进行沟通，关爱它，从头到脚地放松，然后全神贯注地陪着意念，意念到哪儿，就放松到哪儿。带气到丹田后，意识停留在丹田，丹田也要特别放松。待身体完全放松时，气感与气流是非常强而明显的，就感觉自己像气的通道，空而柔软。

“第二，初有气感时，一定要时时刻刻意守丹田。还有一个重点，就是睡前跟醒来的时候一定要意守丹田。这点要特别感恩学长，有一次在群里无意间看到学长的分享，照做后非常受益。同时，白天也要经常意守丹田，气会起得快而明显。

“第三，气感起来后，身体与磁场就会发生改变，心的免疫力越来越强。改变从放下开始，敞开来真正接受自己，先爱上自己。”

在这一段，我要跟大家强调的是，这个记录说明他做到了放松再放松，这是重点。另外，还要保持背部挺直。最重要的是，晚上睡觉之前，以及早上醒来的时候，时时刻刻守着自己的丹田。这一段给了我们启示，希望大家珍惜这个心得。

2018 年 6 月 17 日，一位朋友的心得记录是这样的：“今天打坐，气感突然比平日强很多，坐在那里，感觉轻松，全身很快发热，唾液也容易溢出，咽了好几口，感觉微甜似甘露。轻轻吞咽唾液至丹田，用意念轻轻一导，头和手部的气很快流向丹田，而且那气流好像比往日顺畅得多。我脚上的气平时就比头和手的气来得快。这气感回到头两个月打坐时暖流通畅的那一段，真是很神奇的气！仿佛气脉突然被打开，气流无阻地在全身流动，丹田在不打坐时也会自动发热。听老师您的分享，我找到了被自己忽略的重点，但又是很重要的地方：在坐上充满丹田气后，坐下意守丹田不够，所以影响了丹田气的巩固。现在明白了，我需要时刻加强意守丹田，后来马上不一样了，丹田处总是热热的。”

2018 年 7 月 16 日，另外一位朋友的心得记录是这样的：“这几天，天没亮早起打坐，先是做准备工作，搓手、敷脸、叩齿、弹耳，打坐前喝一杯淡盐水，补充水分；然后上坐，放松自己的身体；坐下没多久，身体开始发热，背部、上腿部及臀部热得较快，此时缓缓地把手上、脚上的气导至丹田，丹田如热水袋般发暖发热。舌顶上颚时，丹田会更热，而且热得有力量，让人全身舒适温暖，加上已没有身体的感觉，轻盈、乐感会出来，感觉快乐无比。入定训练时，我用手机定时 30 分钟，开始放松心情，集中精神，进入状态，不一会儿就精神集中，脑子无杂念，进入觉性中，灵性感知着周围的一切，清楚明白。在这种状态下，心平静而愉悦，身体感受到能量的回收，觉性敏锐，周围任何声音都逃不过，如水声、鸟叫声、开门声等。不知不觉 20 分钟过去了，我也出定了。”

2018 年 9 月 16 日，他的心得记录是这样的：“今晨自然醒来，上坐，热身，带气，气感足，但热度还是感觉不到，不去理会它。带完气，则意守丹田，用意念观丹田。守丹田时有一种愉悦、舒服的感觉，身体很放松，感触到气带来的乐。深度的放空，没有了杂念，感受到老师讲的乐空双运。通过今早的打坐，才知道什么是老师讲的乐空双运，恰恰这些都是老师平时分享所讲的，也感觉到了老师教我们打坐方法时所说的深入浅出。打坐的精髓就在老师平时的分享当中，感恩老师的用心良苦，我们才能实现由浅到深。继续守丹田，用意念观丹田，上半身逐渐没有了感觉，从丹田往外，下半身的感觉也全没有了，最后整个身体没有感觉，已经空掉了，但能意识到我的存在，五识不在，意识进入一个状态——定，这时意识中只有我识存在。这个状态说是飘，还不是飘，能感受到它就定在那里，妙有的存在，无法用太多语言形容。从定中出来，下半身特别通畅，收功下坐。打坐过程中腿出现微麻，我没有去理会，但就是这样的微麻，出定后让我感觉到下半身的轻盈和通畅，脚心都感觉到一丝丝爽意。可能有些地方的用词不准确，今天收功后，在坐上感受了一段时间，舍不得下坐，但这不是贪，是状态的延续。”

2018 年 3 月，另一位朋友的心得记录是这样的：“经常意守丹田，会让我神不外驰、心神内敛，心情一直处于轻松、愉快的状态，每天都感觉很快乐。现在我注重观心和打坐，在气的作用下，每天情绪稳定，不怎么受外界的负面影响。即使出现了杂念，我也会在内心先找出源头，对自己的心态进行梳理与调整。现在我对修心越来越有兴趣，并从中体会到了成就感。”

各位，我把这些朋友们练习气、定跟打坐的心得分享出来了，希望大家能够继续勇往直前。只要拿出时间、毅力，注意方法，注意姿势，我相信成功的一天迟早会到来。

二、关于三摩地境界的范例

一位朋友说："2017 年 7 月 10 日，开始守定，身体很快就不动了，思绪平息了下来，有种美妙的美好感，有大乐的愉悦。但又是在平静之中，身体变得很轻，完全没有了重量，完全无形影，只有意识，感觉心彻底落了地一般，身心愈发沉寂下来。大乐的那种喜悦转成淡然、恬静的愉悦，寂静、恬淡、还有深深的满足感，不想动任何脑子，人也不想动。空间更柔和、均匀，感觉进入深沉睡眠一般，无比放松，很满足，有种完全释怀的感觉，心中无任何挂碍、无任何情绪，是中和，整个人变得非常清晰，意识、觉知都非常清楚，有明显的这就是自己，真正、真实的自己感。内心如如不动，外面任何动静都引发不了我内心的丝毫波动。身体完全无影无踪，和空成一体，只有意识存在。在整个守定的过程中，身体一动也没动。"

我再继续分享："7 月 14 日，气很快把身体调整到正确姿势，就定住了，思绪随之平静下来。人完全无重量且空，愉悦感产生，继而转成满足感，处在寂静之中，就守在了这种无形、无相的愉悦和满足感中。也正是这种愉悦和满足感，可以让我坐下独处时，不觉寂寞和孤独。这几次，我才明白老师为什么总是强调心。因为守心，愉悦和满足感就会持续产生。我也理解了这种愉悦和满足感，一定需要拙火的流动才能升起。所以说，如果没有拙火而只有定，那就真的是枯坐，就好比没有爱情的婚姻一样枯燥。

“7 月 18 日，思绪平息了，进入身体完全无重量，身空、愉悦、满足、寂静的定的状态中，持续了一段时间。愉悦、满足感越来越平和，大乐的愉悦一产生，空就让这种愉悦转成了定。每次愉悦与空结合，就会产生定，一次比一次定，空间也越来越深。后来整个空间粉粹了一样，我进入‘自己’里，然后如如不动了，但这个如如不动也太出乎我的意料。我在‘自己’里，呼吸完全没有了，也彻底没了人的感觉，觉得自己是一个无形、无相的能量，哪里还有人类的特征呢？我一直感觉自己是一个不用嘴、鼻呼吸的怪物，只有身体里轻微地一开一合，非常轻微，几乎没有一样，如一个胎儿，一个胎息。哪还有什么不卑不亢、高贵自信、不威而王的感觉，连人的感觉都没有了，哪还有这些？哪还有什么宇宙、天地同体？我周围都没有宇宙空间了，就只有自己这个空间存在。哪还有什么无善无恶、无喜无悲、无对无错，我连人都不是，连动物也不是，哪还有这些？我只有自己是个怪物的感觉，就连中和都多余了，我就是一团东西，有意识、能感觉到周围的东西，但既不是人，也不是动物，哪会有情绪和情感呢？如果不是因为知道老师在，我真的会害怕，见到自己只是一团能察觉周围动静的东西，好可怕的感觉。但我又实在太舒服了，是舒服得连自己是谁都不知道的舒服。直到准备睁开眼睛时，我才发现怎么样都不想睁眼。

“7 月 21 日，大乐产生愉悦，然后空让这种愉悦转成满足感，继而成为定。每次愉悦与空相交，就产生更深的定与寂静，逐渐形成如如不动。如如不动中有一种大磁场，心如胶般粘在这个大磁场中，如如不动，而整个磁场是愉悦的。这个磁场应该是大乐和气共同产生的，因为如果仅仅有气而无大乐，好像不会产生这种愉悦的黏融感。人类竟然有这么妙不可言的喜悦与定，不去尝试，就太可惜了，枉费了此生。

“7 月 24 日，进入如如不动，有平静的愉悦感、深深的满足感，是一种终于回家的满足感，整个人仍融在空及平和的乐中。这次如如不动的磁场更轻盈灵透，犹如空灵的仙境，心更空透，愉悦感更通透，满足感更彻底自在，实在无词汇可以表达了。

“8 月 3 日，如如不动时，大乐磁场美妙无比。人在常态之下是体会不到这种美妙的。我从未料到人类还会有如此美妙、难以描述的感受，有些类似性的愉悦与活力，但又丝毫没有性的兴奋与冲动，是寂静、融合、充盈、柔和、灵透，富有通透、鲜活的活力及渗透力，而且是整体性的。我的每个细胞、每个毛孔，身体从上到下都均匀彻底地融于其中，没有分割，没有局部，是一个整体。此刻的心妙不可言，愉悦、满足、寂静、中和、从容、包容、慈悲，这种美妙是纯净的自然状态。守定的关键是不能守住任何地方，连空都不能守，守则碍心的呈现，也得不到如如不动的状态。对于老师说的守一，指的便是直指心，以前我以为心必须守一个地方，后来身体，包括头全部空掉后，没有任何地方可守，我便守空。老师就引导我直指心，于是我不再注意空间，无论它怎么变化，我只感觉自己的心，于是心更明了，无所住而生其心。心如如不动时，自然不会有守与不守的想法，会融于那个自然状态之中，感受着美妙的心，美妙的大乐的磁场。

"8 月 8 日，到了无法形容的如如不动，虽然知道磁场的愉悦，但心感觉不到明显的愉悦与满足，却是一种圣洁、神圣的感觉。心如此平静，找不到可形容的词句，只能说是一种圣洁的平静。我也不知道这种圣洁的感觉源于何处，美妙、愉悦、满足、宁静等词汇都好像不适合用以形容了，已经超越所有这些。世界真奇妙，我很感激。"

以上，我分享了一些朋友的实际感受，让大家清楚地知道什么是三摩地。这里有很多地方已经完全超乎我们文字所能够形容的，除非自己去亲证体会。但希望他们的体验能够给大家带来信心，这是实实在在的证据，是朋友们通过努力、时间，一点一滴，实践出来的，难能可贵，希望大家珍惜！

第六章

答读者问

关于守丹田的答疑

问：马老师，您说平时没事的时候可以意守丹田，舌尖顶上颚，但这时并没有用意念带三股气到丹田，我是不是意念放在丹田就行了？

答：平常多守丹田，只要守习惯了，就会帮助你把气带回丹田。其中的奥妙是什么呢？第一个，请放轻松；第二个，跟自己的意念讲要守着丹田，把气全部带回来。至于你当时有没有在带气，其实并不重要。当然，所有的初学者都应该从头、从手、从脚带，逐一带到丹田。平时没有带气的时候，就守在丹田那个位置，气会自然而然地回到丹田。长此以往，只要你的念头一到丹田，它马上就会发热，表明气已经找到它的家。

问：请问站着可以做到意守丹田吗？

答：要意守丹田，站着、坐着、走路，随时都可以，甚至在讲话时都可以意守丹田。守的时候就只要把一个念头搭在丹田上，不妨碍你走路、说话等。最重要的是，把这个习惯养成以后，你会发现对身体有很大的帮助，心也不会慌乱了，会很有智慧地面对生活中的种种问题。

问：守着丹田睡觉好不好？这样做对不对？

答：说实话，守着丹田睡觉是非常好的。第一，可以帮助你快速进入睡眠，第二天醒来后，你会感觉整个人很舒服；第二，可以帮助你加强丹田的气、拙火，帮助你培养定的力量。在这种情况下，守丹田不仅能帮助你强化身心，提高智慧，也能够助你进步。有的时候，如果你打坐后身体里的元气充沛了，精力旺盛而睡不着（这种情况常发生，睡前打坐发生得多些，是正常的，也是阶段性的，过段时间睡眠会恢复，或者可以把打坐时间调整到白天），可以练习一直守着丹田睡觉，会感觉似睡非睡，仍然得到了应有的休息，醒来后人会很精神、很舒服。

问：守丹田，即用意念感觉丹田所在的位置，是这个意思吗？

答：守丹田的时候，确实是把意念守在丹田。请注意，守丹田的时候，并不是说只守 10 秒，而是说平常没有事情做的时候，不要去胡思乱想，就把念头守在那里就行了。同时，你还要有一个潜意识，知道守在那里，这些气就会自然而然地回到丹田。生活中你今天担忧这个，明天担忧那个，久而久之就把气带到头上。气被打乱了，便带来常见的头痛、免疫功能失调等毛病。因此，在没有事情做的时候，就守着你的丹田，让气聚回到丹田。请好好陪伴自己的丹田吧。

问：可以随时随地做类似打坐的活动吗？比如坐公交车时、走路时、等人时，均导气至丹田，这样做有益吗？

答：这样做不好，因为你的念头不专一，是在浪费时间，而且对身体也不见得有多大帮助。可是，我确实鼓励你，胡思乱想的时候，或者脑海放空的时候，都把意念放在丹田，轻轻地陪着自己的丹田，就好像把你的气慢慢收回到丹田。

关于气的答疑

问：马老师，我听您的讲座有一段时间了，现在能单盘腿，但没感觉到气，怎么办？

答：我需要提醒大家，我们现今身体绝大部分多多少少存在一些小问题，最起码很多朋友的手脚已经不像婴儿那样血气畅通而温暖，也有朋友患有一些长期困扰，如失眠、头痛等。这些问题绝不是一天两天、一年两年造成的，而是长年累月积聚下来的。所以说，请各位一定要抱着积极的心态，即便把臀部坐平，把蒲团坐破，今生今世也要坚持打坐。只有抱着坚定的决心努力付出，才会有出息、有成就。

现在，身体出问题了，想在一天之内把它改善好、纠正好，是不现实的。有的人第一次打坐就有感觉，这是他本身的业力在起作用，而开始的好坏并不重要，重要的是能坚持到最后，把最好的自己真正打造出来。同时，一上坐就能坐出气的朋友，千万不要自满，因为一旦自认为了不起，退步的情况就会出现。

所以，既然花了十年、二十年，甚至三四十年的时间把身体搞坏了，把气打乱了，就不要期待用一两天、一两年的时间能恢复过来。就算很快恢复过来了，而你没有真正养成好的习性来保护自己的身体，之后随时都会再出问题的。这位朋友，你现在能单盘腿，已经很好，表明你跨出了第一步，付出了努力。至于没有感觉到气，请继续坚持下去，只问耕耘，不问收获。同时，打坐时一定要注意放松，这很关键，放松身心能够帮助气激发。即便暂时感觉不到气，但气已经开始在体内运行，只是需要时间练习而已，所以，继续努力。

问：马老师，从三个路径带气时就是配合意念，逐步放松各个部位，而不是真正可以感觉到气被带着走，只是我自己意念中想象出来的气，这样理解对不对呢？

答：这样理解是不对的。按照我的方法去做，你会实实在在感觉到气的温度和状态。当然，每个人的感受都不一样，而这种气、拙火的感受是实实在在的。如果你没有感觉到，就请继续努力！

问：马老师，我最近一直在听您的音频，但发现心很难受，每次出现问题后都会着急，都想按照自己的方式做。如果不按照自己的方式来，反而觉得不舒服，反抗情绪强烈。打坐时，气一直堵在胸口下不去，怎么办？

答：很明显，你已经很清楚地说出自己的问题。其一，你的气不应该堵在胸口，这表明你本身很着急。其二，你没有办法控制好自己的心情。这个气本来是周而复始、畅通无阻的，现在你说它堵在胸口，就表明它不畅通了，出现问题了。之所以不畅通，是因为你的心太着急，一定要事情按照自己的想法来做，执念太重。请记住，我们不可能什么时候都是对的，多花时间听听别人的意见，多用智慧开导自己，不要按照本身的固执思维去做事情。如果你觉得我说得对，请按照下面的方法来做，最重要的一步是：请时时刻刻观照你的丹田（意守丹田），慢慢往前走，不可能一下全部改正过来，请多听我的分享，慢慢打开自己的心。记住，从现在开始改变自己，永远都不晚。气会主动来调节我们的身体，如果你现在违背这个气，后面会很痛苦的。试着把自己的心扉打开，陪着自己的心吧。

问：老师，我打坐时越想要气就越没气，其实就是贪心在作祟。为了气而打坐，好像违背了初心，就是老师您所说的得失心吗？

答：我觉得你的知见很好，就像前面说的，只问耕耘，不问收获。今天，我们身体出现的问题是经年累月引起的，你必须有智慧地告诉自己，用了这么长时间积累的老毛病，怎么可能一两天就改过来？所以，给自己下定一个决心继续做下去吧。请记住，一旦有所期待，就会有失望的时候，也会有痛苦的时候。重点是尽管去做吧，不要期待。相信我，只要你付出的努力是对的，方法是对的，迟早会成功。这个道理就跟你做事业、治家为人一样，只要掌握对的方法，踏实、有毅力地做下去，肯定会成功。

问：真的有一个气吗？就是一种放松的感觉吗？

答：是的，这位朋友，气是真的有的，而且不是好像，不是感觉，不是似乎，到那个时候，你会真正清楚、明白这种感觉，就在丹田那个地方，有一股能量在蓄积、成长，运行到全身各处，会有一种意到气到的能力。意到气到，也就是说你要把气走到手掌心，只要想到，它就会到达你的手掌心，而且你一定感受得到。

问：当气导到肺部时，会不会被呼出来？会不会和吸入的空气混在一起呢？

答：不会的，它存在于你的体内，周而复始，从母胎带来，跟我们后天呼吸的气不是同样一个气。前面我说过，由于我们自身积聚了太多负面情绪，造成对气的伤害。比如说，压力来了，把我们的气给打乱了，久之就会带来胃病、失眠、头痛，甚至诱发心脏病等。通过用意念导气，可以帮助我们疏通身体，平衡我们的气血，恢复健康。

问：我不知道要不要把气想成一个形态，我觉得没办法用意念去指挥它，因为实在不知道气是什么样子的。

答：气是无形，无色，无味的。不必观想它的形态，可以将它观想成空气。你可以观想有一股能量从头上慢慢下来，而这股能量是有热度的，有的朋友会觉得凉，但那只是暂时的，绝大多数时候是有热度的。举个例子，就好像将一口温开水往下吞，这时有一股热量就像这温开水一样往下走，你会切实感觉到它的流动。通过打坐把气培养出来后，你会真实地感觉到身体里有一股热流，而且你要它去哪里，它就会去哪里，这是气训练纯熟后所达到的“意到气到”的境界。所以，请你先把信心提起来，然后才能慢慢地一步一步来。如果说你实在感到困难，可以睁开眼睛来打坐。当然，我不鼓励这样。

问：为什么导气只从头、手、脚三个部位开始，人体全身皮肤各处不都有气吗？

答：我给大家分享的是把气从头上导下来，因为绝大多数人常常要用脑，尤其是在大都市打拼的白领阶级。每次用脑的时候，我们就把气都带到头上来了，可是用完后，又没有及时把它带回到身体其他该放的部位去，久而久之，便造成这些气失去平衡了。它原本自由地运行在我们身体内，帮助调和气血，结果却因为我们自身的行为，造成气血失调。

比如说，我们害怕、嫉妒、恐惧，都会造成气血失调、损耗或者紊乱。脚跟手，尤其是脚，距离心脏太远，久而久之，很多朋友的手脚全年都是冰凉的，尤其是在冬季，这就是气血失调，没有畅通的表现。所以，请大家按照我分享的方法，把头上、脚上、手上，以至于全身的气先调理好，自然而然才会更易接受天地之气。而从头、手、脚三个方向带气到丹田的过程，是梳理全身气血的过程，久而久之会有更深刻的体会和理解。我希望大家先专注于把自己的身体调节好，慢慢地，心情也将变好，事情自然会顺利，我们将有能力更积极地面对自己的生命。

问：手指头上的气，经手掌、手臂内侧，然后沿什么路线到胸部呢？是沿任脉吗？

答：这位朋友，你问的问题很仔细。简单地说，我们身上这些气遍布全身，在这种情况下，你没必要去纠结一定要经过手臂内侧，只要把气从指尖开始往上带，经过整个手臂，就是最好的方式。因此，就往整个小臂、大臂、肘、肩膀来带，暂时不要管什么任脉、督脉，专心、放松即可。

问：手和脚导气的具体操作方法是什么？是一只一只导还是同时导？脚交叉时，真的很难一起导，请解答。

答：导气的时候，不论是手还是脚，都是双脚、双手同时操作。因为我们全身任何一个地方都充满着气，如果气不充足就会出问题。至于你说没有办法导，那很简单，这只是功夫问题，多花时间下功夫，训练意念与气合一，身与心合一，我相信会有所突破。记住，这是一门功夫，没什么了不起的，只是要多花点时间而已。加油！

问：我肝气郁结，气卡在左右胸口下不去，很长时间了，怎么引导好呢？

答：刚开始打坐的人都会碰到这个问题，一开始，你要慢慢来，然后把意念暂时多停在胀痛、郁结的地方，接着非常专注地慢慢把它往下带。如果你感觉没带下去，那就再试试，耐下性子慢慢带吧。胸口这股气得多花一点时间去带。同时很重要的一点，坐下守丹田的时候，要想着把这股气从郁结的地方慢慢带下来。另外要多练习放松，坐上、坐下都要有意识地放松，养成习惯并保持心情开朗。

问：气滞留在有病的地方不走了，怎么办？

答：这个问题非常好，我试试做一点解答吧。当我们把丹田拙火培养出来时，会有下面几种状态。首先，它通常会呈现一个温暖的状态，可以在身体里按照你的意愿行走，也会自动行走，不管是身体姿势歪斜，还是筋骨错位，它都会自动去矫正。

比如我们的坐姿经常出错，或者说坐姿产生了一些扭曲，气会在身体的那个部位绷紧，一般是在背部、脖子。气会把我们的背、脖子拉直，帮助矫正。在背部、肩部、头部出现，都是正常的，只要按照气的路径让其发挥，你都应该感觉得到气仿佛在跟你对话："你的这个地方有问题，你听我的，我会把你拉直。"它的表现有时候是冲起来的，还有的时候是拉扯着筋络。如果你是一个打坐老手，即便气全部都顺了，在日常生活中它也会出现这种状态。一旦出现什么问题，它会自然而然地起来帮助你。因此，就让它来矫正你自己吧。大多数时候，你应该有一种比较舒服的感觉。有时候某个部位堵，气在调理这个部位，试图帮你打通这个部位时，这个部位可能会有些痛，或者麻、凉等不舒服的感觉，这是正常的，气通过去就好了。这些都是气发挥作用时的一种表现。

另外，当它堵在某个地方时，要注意你的坐姿是否正确。正如一位打坐的朋友说，上面来的气跟下面来的气经常堵在脖子那个地方。第二天又有一位朋友说他感觉到气上来了就下不去，说某个部位很疼痛。后来，我发现他们两个都有一个相同的毛病，即坐姿都变形了，很可能是职业病的原因。如果你有这种职业病，不趁早把它改过来，将来必然产生气堵的问题，有的堵在脖子前面，有的堵在脖子后面，有的堵在胸口，大部分堵在这附近一带。

另外还有一些常发生的情况，比如气会自己一直往身体后面走，或一直往前走。这些情况的发生，基本上跟前面我所讲的道理一样，气完全用冲的状态往上走，完全自发于它本身的气动。一旦气起来，它就会自动呈现这样的状态，并不是说后面才有。当然，后面也有可能发生，但到后面，你的气已经纯熟，也能够控制，一般来讲就不会这么强烈了。

刚开始，气动以后，它要继续活动、成长，所以常常会出现这种状态。在这种情形下，就让它自己去走吧，走完以后，记得把它带回丹田。我见过好几个朋友，似乎都非常贪功（对不起，我用了比较重的话）：有的人会把气带到心轮，但你现在根本没有资格把气带到心轮。虽然的确有“带到心轮”这么一说，也有这个必要，但绝对不是现在的状况，就算你进入三摩地，依旧没有资格把气带到心轮，必须要超越三摩地，到达另外一个境界。也有的朋友想把气带到眉心，这是更加可怕的。千万不要用自己的身体做小白鼠，那是非常危险的。请大家按照我说的，不要把气往身体其他地方带，除非像上面说的，如果气自己主动走，就让它安安心心地走吧，走完记得按原路带回到丹田。原则上，当感觉到身体里这种气非常活跃的时候，很多朋友会害怕，尤其是女性朋友，但不论它在你的肚脐还是腹部，或身体其他部位，都不要害怕，放松，顺其自然，因为我现在给大家分享的这个 Alex 打坐法，到目前为止，已经有很多人受益，它会一直陪伴着你，给你安全感、自信心。

所以回答您的问题：当气常常去到某个部位时，你便放松身心，顺其自然，安心让气在该部位做调理恢复，多停留一些时间，最后带回丹田收功。

关于焦虑、烦躁的答疑

问：我一直患有焦虑症，目前在服用帕罗西汀，所以想问问马老师，对于焦虑症的处理有什么好的建议。

答：对于焦虑症的处理，我认为最好的方法是打坐。当然，临床上，焦虑症的病因多且复杂，你需要医生的治疗建议。但不论如何，请陪着自己的心去打坐，平常在行住坐卧之间随时陪着自己的心。你可以多听一听我的分享，很多朋友说我的声音能够帮助他们平静下来，而我分享的内容能帮助他们打开知见，让心更安定。有很多患有抑郁症、焦虑症的朋友通过 Alex 打坐法，以及 Alex 情绪管理方法，如守丹田、观心、知见转化等等，情况得到了很大的改善，精神状态恢复得很好，也希望对你有所帮助。

问：抑郁、焦虑的贪、嗔、痴，如何跟得上打坐呢？

答：这个问题非常大，我这么回答你吧。坚持打坐，把自己的心静下来了，你就很容易发现自己的心有多大变化、好与不好。通过打坐，你的抑郁、焦虑很快会得到缓解、平静。为什么？第一个，因为打坐让心静下来了；第二个是最重要的，心静下来以后，你身体里的气也得到了缓解与调和。尤其当坐出了我所说的拙火后，你会马上愉悦起来，同时，所有的焦虑都会消散。不论再大的焦虑，这时都可以暂时性地排除掉。

只要你的气起来了，五脏六腑的生理机能都会得到适当的调整，能够帮助把所有负面情绪消散掉。这说明气在很大程度上影响着我们的身体，也说明我们要克服的是这颗心，但这颗心仍然要依靠这个身体。请大家一定要搞清楚心和身体的关系，两者是互相作用的。因为打坐的关系，我们身体上的气血等被带动起来了，五脏六腑的功能得到平衡，这时，所有困难、抑郁、焦躁全部都可以被挡到一边，心也会马上感到很舒服。同时，千万别忘了你的任务是要降服这颗心，要克服所有负面情绪，最终降服自己的心，才能真正达到根治抑郁症的目的。

问：我的心情烦躁，静不下心，感觉不到气，怎么办？

答：这是一个再平常不过的问题。刚开始打坐时，心都不容易马上静下来。不必在意，继续坚持，而且注意放松心情，用一种愉悦享受、珍惜满足的心情去打坐，先培养出兴趣。同时克服急于求成的期待心，你会发现心在不知不觉中静了很多。感觉不到气时也用这种态度面对问题，只问耕耘，不问收获，放下期待心。千万要记住，取得成功、幸福是要付出代价的。今天之所以痛苦，就是因为以前太放纵自己，没有努力，没有付出，但要改变永远都不会晚。你及时醒觉，知道是时候努力，拿出力量往前走，这才是最宝贵的。在努力付出的同时，千万不要有所期待，一旦期待，这一点贪心会悄然作祟、捣蛋，给你带来痛苦。记住，有期待就会有失望，有失望就会有痛苦，任何一次成功都要通过努力付出才能获得。

问：我平常会焦虑，而打坐能让我放松，放松的时候就想睡。虽然睡不着，但感觉还是不错。让我正儿八经地去睡觉，我又睡不着了。怎么办呢？

答：很多朋友都会有睡眠上的问题，很常见。我说过，打坐会帮助你放松，想睡就去睡吧。如果说想睡的时候又睡不着了，就请你继续练习，放松再放松，甚至可以躺在床上听我的分享，这样不仅放松了，还能把气集回到丹田，一石二鸟。所以说，想睡的时候又睡不着觉，就从头部开始一步步地放松自己的身体，多练习吧。到现在为止，我几乎没有听说过有人不成功的，除非你不去好好练习。最起码，你用 6 周的时间去试试看，看看每次听到放松的指令时，是不是就能放松了。

不论怎么样，不要坐了一次没有效果，就产生质疑，你起码要先检查自己坐得对不对，有没有坚持。或者说，感觉不到头上有气，手上没气而脚上有气，或脚上有气而头上没气……这些问题的答案是一致的：尽量去试吧，最重要的是先把丹田的气，也就是拙火坐起来。将来继续往深层进展，就是靠这个拙火，只是有的时候会有顺序不同的问题。不用担心，尽量去好好地打坐。

关于修心的答疑

问：年少时看电视，易看到破绽百出，感觉自己别无长处，也许只适合当一名质量检验员。这两天察觉自己经常看到别人做傻事，感到不顺眼、不顺心，认为这个人怎么比自己还笨、傻，更容易出错、更无知等。老师，这是我根深蒂固的“我慢”，怎么才能改变这种劣根性呢？

答：你说得非常好，这是根深蒂固的“我慢”，也就是我们痛苦的根源。你既然知道了，那就要改变它。怎么才能把这事做好呢？第一，从观念上你要知道这是永远要努力改正的事，必须持之以恒；第二，请你把自己的知见慢慢改过来，也就是说，知道自己以前的种种想法都是错误的，才害得你走到了今天，因此要一点一滴慢慢地把知见打开。打坐是很好的工具，打坐会产生气，气会给你带来很多正能量，带来心平气和以及好的思绪和心情，会帮助你克服嫉妒心、嗔恨心、贪心等弱点。打坐很有意义，会引导你走上人生的康庄大道，千万不要小看它。同时也多鼓励自己，你已经开始走在路上。加油！

问：今天的心情特别糟糕，又不知道为什么，心就是静不下来，怎么办？

答：不管你打不打坐，都会碰到这些问题。我们都知道，心情不好的时候，根本静不下来。我曾经也在这种日子里度过了很长一段时光，刚开始上坐的时候根本静不下来。很多人哪怕花了10年、20年时间去打坐，仍然会碰到这种情况。为什么？因为我们面对着生活，面对着工作，难免会有心情不好的时候。我把自己经验分享出来吧，当心情特别糟糕的时候，可以试着把自己定下心来，深呼吸也好，放下也好，只管静下心来。但这不是一件容易的事。因此，如果你会念咒，就拼命地念，念到心里去，把烦心的事情都放下，同时守着自己的丹田，这样的效果会很快。放下来，就是不受这些情绪的困扰，这时去打坐，才能起到切实的作用。

问：一年多来，一直跟随着马老师的音频，谢谢您！目前依然在坚持打坐，全身热感也都有了。有时候打坐还会出点汗，但是我能坚持的时间只有15—30分钟。目前我也深感自己的贪、嗔、痴、慢、疑问题很严重，跟不上打坐的节奏，有时会不知所措，所以我告诉自己，从现在开始，必须从生活中察觉每一个细小的感觉，去考验自己、控制自己，一点点累积自己的格局与福报。我知道，也许下一刻会懈怠，但我觉得必须这么坚持下去。谢谢您的分享，每次生活遇到瓶颈时，我总能从那些分享里找到答案。谢谢！

答：谢谢你的分享，里面有好几个重点值得深入聊一聊。第一，你说一年多以来在坚持听音频，同时也在坚持打坐，这是一件很好的事情，非常不容易。你应该拍拍自己的肩膀，你正在为自己打造未来的福报，现在的付出会让未来更充实、更有意义、更积极、更乐观、更享受。而你说打坐时间只能持续15—30分钟，没关系，只要坚持下去，以45分钟为一个目标来努力，我相信你做得到。

第二，你说深感自己的贪、嗔、痴、慢、疑问题很严重。是的，因为你守着自己的心在打坐，才真正发现自己的问题真不少，这是所有打坐的朋友都会发现的。你的觉知是好事，请先接受自己，再慢慢去优化自己。请务必记住，这个优化的过程是永远的，不能半途而废。尤其是在未来，当收获幸福生活的时候，常常会懈怠，容易认为那是自己理所当然要享受的。一旦出现这种理所当然的心理时，也就是你的幸福生活开始日落西山，悄悄离去的时候。所以说，这个优化的过程是永远的，直到你彻彻底底地把所有负面情绪消灭掉，把自己完全优化到一个相当的高度，才不会再退步，那才是真正的毕业，才是真正的成就。在这之前，我们都必须努力。

我希望，不论你现在多么幸福，也不要忘记永远去努力。永远记住，要克服负面情绪，优化自己，绝对不是一朝一夕的事，不可能一蹴而就，因此，请大家在心里做好这个准备，有耐心地往前走。另外，你说：“一点点累积自己的格局与回报。我知道，也许下一刻会懈怠，但我觉得必须这么坚持下去。”我非常喜欢你的这句话，非常喜欢你的这个决心，你是一个有格局、有智慧、有担当的人，祝你成功。

关于打坐效果的答疑

问：打坐能不能把胃病治好？

答：坚持打坐，的确有利于胃病的治疗，但我建议患者还是要听从医生意见。打坐会产生气，加上心平静的作用，能够帮助调理好胃；而且通过打坐，在丹田产生的拙火，对胃病的调理也有很好的帮助。所以说，请尽量放心去打坐吧。当从头上带气往下走的时候，也许你感觉不到气经过胃，那是因为气到胃部时先调理胃病，然后你才会感觉得到。如果说带气到胃这一时段没有感受，那就表明气在这个地方堵住了，所以你不会感觉到气的存在。假以时日，你的胃病治好了，就能切实感觉到气在经过你的胃，然后到达丹田。

问：我失眠、抑郁 20 多年了，通过打坐能治愈吗？

答：这是一个大问题，三言两语无法诠释。抑郁症若要克服，就必须从根源把它说透、说明白，而打坐是治疗抑郁的一个协助工具，但是光靠打坐也不够，光是有气也不够，还需要很多其他方面的方法。我会用天罗地网的方法来帮助大家控制抑郁症。在这一方面，将来会专题向大家分享，因为其中涉及很多细节问题，请你继续关注好了。

问：我做生意的压力很大，不停地服用抗焦虑药物，焦虑症能通过打坐治好吗？

答：我本人也做生意，前前后后一共50年，到现在为止还算顺利。像所有人一样，当年我的资源很匮乏，也没有什么财力，在美国打天下，可以说举目无亲，所承受的压力非常大，所以我很能理解你的心情，你有的感觉我全部都感受过。我很负责任地跟你讲，我之所以能够走出来，且走到今天，最重要的一个原因就是依靠打坐。每当遇到问题，到了晚上回家以后，心还是平静不下来，烦恼全部聚积在头顶上，我明知道这些烦恼是没有办法解决的，担心也没有用，但就是放不下。我相信你也一样，但我会强迫自己放下，把自己带到佛堂里坐下来。刚开始，我根本坐不进去，但我用各种不同的方法，包括念佛、念咒，强迫自己把心给稍微定下来，再打坐。

我可以打包票，只要你的气起来了，丹田的拙火起来了，烦恼马上会消散，因为气充满了五脏六腑，你会感到很愉悦、满足，平静地守在定里。出定以后，你会很清楚地知道这件事情应该怎样做，会告诉自己，既然已经看得清清楚楚了，再去担心也没有用，继续努力把事情做好，终究会有答案。请注意，只要做好最坏的打算，就会心安理得、坦坦荡荡、满怀热忱地继续往前走，因为只要渡过了这次难关，你马上会感觉到海阔天空。你也会清楚知道以后仍会面对困难。人生的挑战是没有止境的，我们必须知道这一点。知道如何面对坏的状况、低潮的来临、痛苦的处境，坦荡荡地对生命抱有重新的认识，积极面对它，不停地接受挑战，不停地训练自己。请记住，没有受过挑战的生命是脆弱的，没有经受过痛苦的生命也是不堪一击的。相信我，当知道如何在风浪之中挺下来而不被打倒时，最终的成功必然属于你。

问：我是一个初学者，请问可以早晚都练习打坐吗？最近胃病发作，身体很虚弱，心情也不好，可以练吗？

答：当然可以练，尤其你是初学，赶快抓紧时间去练吧。我相信，你的心情很快会转变过来，因为打坐的作用非常明显，能够帮你突破目前的情形。对于胃病、身体虚弱、心情不好，打坐通通都能帮忙改善。同时，希望你有一个很安静的环境去练习打坐。

问：我是一名舞蹈专业人员，很在意对身体的放松和意念的作用。按照您的方法，这段时间每天坚持打坐，我已经感觉到气，但感觉到身上的气宝宝到处跑，一会儿来，一会儿走，很难用意念去调动它。我不急，我想这需要时间。我有甲状腺功能减退的病，吃药一年了，气宝宝总是卡在脖子这里下不去。我想问，打坐是不是在治我的病？能否治愈呢？

答：第一，你说感觉到气宝宝到处跑，对于这一点，我提到过很多次：让它走吧，当它停下来不走的时候，请你把它带回丹田。第二，你说自己有甲状腺功能减退的病，感觉气宝宝总是在脖子这里下不去。其实，气会主动地走，它有一种自然的疗愈功能。我的看法是，它在帮助治疗你的疾病。你可以让它去那个地方，请轻轻地守着，看着它发热，然后试着把它往丹田导，但不要急。如果导不下来，也不要用力过猛，它自己知道什么时候该离开。就让它待在那里，你去导别的地方的气，或者把气继续往丹田导就行，即便它导不下来，也没关系。最后收功的时候，还是请你静静地把气导回丹田，不论有没有感觉，都请务必做到这一点。

问：夫妻生活会影响打坐的效果吗？

答：这个问题，我想很认真地回答一下。各位，只要你身体健康，就千万不要把性生活当成一种罪恶来看待。性生活是我们生活中很健康、很正常的一部分，不论从临床医学而言，或者从我们的生理需求而言，还是对于夫妻感情而言，它都是一个很正面的事情，可以调剂我们的身心，值得我们重视。古人言“食色性也”，我不认为性生活会影响打坐的效果，除非你过度了，没有加以节制。我自己坚持打坐50年了，同时有这么多朋友跟我一起学习打坐，他们都收到了实效。因此，我很负责任地说一句，尽管去做你应该做的事情，不要被很多条条框框或以讹传讹的谣言所困惑了。

关于定的答疑

问：我每次都跟随老师您的音频做两遍，每次大约 38 分钟，打坐确实给我带来很多改变，例如平时的心态、对事物的看法、对低潮的应对、对人性的了解、对自己心的观照。现在我该怎么把这种状态过渡到守定的状态呢？下一步怎么做会更好些？望老师指点。

答：如果我理解得没错的话，你是想要知道守定的状态，对吗？我很高兴看到你的提问，可是对于你的情况来说，练习定稍微早了一点。传统上，一般认为找到气就是天方夜谭，非常殊胜，高不可攀，所以我们的老祖宗留下来的这些丹田气、正气没有被发扬光大，真是可惜了。现在，大家可能认为找气很容易，但入定反而是困难的。听着我的音频分享，你就不会胡思乱想，就有时间慢慢把气带下来，可是让你学定的时候，就不能再听我的声音了，听我的声音你反而会胡思乱想，入定会受干扰。因此，很多朋友在开始学定的过程中都遇到困难，现在不妨先做到意到气到。当做到意到气到后，你就不会去胡思乱想，将来守定的时候也就自然而然了。时候到了，我很愿意带着你守定，好吗？

问：马老师，我是一个初学者，打坐了一个月才听到您的讲座，非常期待您的指导。现在，我能双盘坐 30 分钟左右，每天两次，单盘也各两次，时间差不多。现在杂念少了，好像有几分钟什么也不想，不知道是不是定的状态？

答：我挺佩服你，你既能单盘，又能双盘，表示你真的很用心。其实，单盘、双盘都无所谓，刚开始打坐的时候，舒适最重要，这是第一。第二，你刚才说自己有几分钟什么都不想，这个是好事，但也不能说不是定，可绝对不是三摩地的定，这一点我非常确定。不过，你有这么一个机缘，我建议你好好去摸索一下 Alex 打坐法，希望你借这个机会好好练习，有问题欢迎随时提出。

关于杂念的答疑

问：马老师，您说把头顶、手指尖、脚指尖的气带到丹田的过程中，如果杂念多，可以重新引导，可是我在重新引导的过程中总会有杂念，怎么办？

答：你说在重新引导的过程中总会有杂念，原因很简单，你的功夫下得不够。其实不必怕有杂念，只要不再继续你的杂念就好了。可见，修炼的过程是非常困难的，能够成功的人始终是少数，受苦受难的人始终占多数。同时，我们的大脑早已养成了多思多虑、敏感敏锐的惯性。如果把大脑比喻成一个快速运转的马达，你想让它停下来也是需要过渡缓冲的。所以，有杂念代表你是正常人,而能够长久努力克服杂念说明你是“人上人”。请给自己多一些信心和耐心，持之以恒练习打坐，每当杂念产生时就提醒自己不要胡思乱想，把杂念清除出去，日复一日驯服自己焦灼躁动的心，终有一天你会发现杂念越来越少，甚至杂念完全进不了你的大脑。不抱期待心，只问耕耘，不问收获，树立坚定不移的信心，脚踏实地陪着自己的心往前走，你可以做到的。

问：我是初来学习的，烦躁、静不下心来怎么办？

答：这就是你应该要打坐的原因。如果你开始觉得自己有烦躁之心，那我相信你不会喜欢现在的生活品质；如果想提高自己的生活品质，那打坐是一个好方法。有烦躁之心，并不是只有你一个人，所有打坐的人刚开始时都会经历，所以请沉住气，慢慢陪着自己的心。相信我，你的心会逐渐被驯服的，这个过程需要时间、需要爱、需要毅力。加油！

关于其他问题的答疑

问：我断断续续练习瑜伽有两年了，练习瑜伽时精神确实会好点，几天不练习却又回到老样子。我打算下个月报一个瑜伽班，集训一个月，这样与打坐不冲突吧？

答：你问了一个很好的问题，我来给你解释一下。不论是任何运动，它首先产生的效果就是帮助你活络筋骨，也活络血气。血气通畅以后，你会感到很舒服。别忘了气是血之帅，气顺畅以后可以促进血液循环，血液活络以后有助激发元气，从而带来身心舒适的感觉。但只要停止运动，就回到了之前的状态，而活络起来的那些气也没有被很好地保存下来。我给大家分享的打坐，就是把气长久留存在丹田里，将气训练成一股强大的力量，以后随时可以利用这股气来帮助你解决各种困难。所以，练习瑜伽和打坐没有冲突，反而相互有益，瑜伽可以帮助你活络血气，更有助于打坐激发气血。而打坐不仅可以帮助你将练习瑜伽或其他运动所激活的气好好地保存下来，更能够将丹田气永久持续保存，时时刻刻平衡五脏六腑气血，为终生健康保驾护航。记住，锻炼后要好好地把气收回丹田。适当运动后打坐反而收效更好，这也是我让大家打坐前做热身运动的一个原因。

问：打坐的同时，可否练习站功等其他功法吗？

答：打坐的同时，其实我很赞成大家做一些其他运动。有些功法我也赞成，像站桩，但我不知道我说的站桩跟你说的站功是不是同样一件事，很多朋友也在坚持站桩，确实对集气有一定帮助。站桩本身也是一种集气的方法，只是站桩需要耗力，因为身体要屈膝微下蹲，摆好姿势站在那，尤其是腿要用力，胳膊抬着也要用力，所以没有打坐容易放松。而打坐呢？务必要放松，越轻松越好，然后用意念来带你的气。注意舌头顶上颚，坐姿必须正确。记住，你打坐时就安心打坐，把站桩先完全放一边，一心一意按照打坐的方法来进行。再补充一句，打坐初期，我完全不主张你再配合其他呼吸方式，就用正常的呼吸，打坐之余你练习站桩、瑜伽，或者其他的运动都可以，但不要配合其他打坐方式。有的时候，在打坐的气这一方面，尤其到三摩地以后，我会绝对禁止跟其他气掺和在一起，这里有很深层的意义在，今天就不在这细谈了。我建议你还是选择一种自己最喜欢的、认为最有帮助的运动。

问：学习您的打坐法时，可以练习太极拳吗？因为太极拳讲究动作和呼吸的配合，也会练习导气。

答：练习我的这一套打坐方法时，当然可以练习太极拳、瑜伽等。只是有一点要强调，我现在给大家分享的打坐方法，全部都没有用外来的力量，是结合你的心理、意念以及你本身生理层面上的气，也就是身心结合，这些全部是自然的。我只是教导大家把从母胎带来的这些元气集合起来，把它重新找回来，帮助你打造真正强壮的身体。所以，你可以练习太极拳，但记住不要掺合其他呼吸方法与 Alex 打坐法同时进行，只是保持自然呼吸。切记不要修改我的方法，就按照我的方法来做。我前面已经分析过了，这个方法完全是自然而然的，没有外在的力量，一旦有外在的力量，就可能有危险发生。这个方法可以唤醒我们本身的元气，而这个元气是生命最重要的元素。同时，当你真正受惠，通过打坐把自己本身的气找到后，把这个打坐方法发扬出去，也帮助身边的朋友。

问：我打坐 20 分钟就腿疼，起来活动五六分钟再回去继续打坐 20 分钟，然后再起来活动几分钟，再继续打坐，这样不会影响打坐的效果。我也不是一打坐就两个小时都不动，中间会换换姿势，哪怕去个厕所再回来打坐也没关系。马老师说了要灵活掌握，不能被条条框框限制住。按这样的节奏打坐，可以吗？

答：看到这个分享，我很高兴，因为我曾经尝试过，而且每次心情好或者特别不好的时候，都会连续坐，中间也会起来活动活动。这是一个挺好的方法，因为刚刚上坐，很多初学者难免会有身体不适，不论是脚还是背，都会有点累，因为你已经坐了十几二十分钟，有一点点进步，这时最好调整一下姿势，起来走一走，然后继续回来打坐。我记得自己的很多突破，都是如此实现的。请你继续按这样的方法坚持下去。加油！

问：打坐时想象气从头顶到丹田，呼气后是重复刚才的动作，还是换一个动作，让气从手或脚进入丹田呢？

答：我给大家分享的方法，只要自然呼吸就好了，千万不要有什么随息、数息、深呼吸、浅呼吸等，否则只会把自己越搞越迷糊，越简单自然、越放松就越好。我希望大家能够把握重点，随着我的声音，用自己的念力把原来散失的气慢慢导回丹田。可以从三个不同的路径把它导回丹田，一个是从头顶导到丹田，一个是从双手指尖开始导到丹田，一个是从你的十个脚指头开始往上导到丹田。原因很简单，因为我们平常的生活、行为，或种种其他因素，已经造成血气不平衡，而气很多时候都到了头顶上，五脏六腑需要气的时候反而没有了。你现在所做的事情，就是要把所有气重新调整过来，让它回到该去的地方，希望你能抓住这个重点，继续努力。

问：打坐的方法不对，对身体有害吗？

答：我想可以这样答复你，无论做任何事情，如果方法不对，都会损害到身体。身边很多朋友按照我分享的方法去打坐，都有确实的结果，所以希望你安心去试一试，完全把心打开来。我相信，只要你的方法对了，付出了时间，付出了努力付出了毅力，终究会有结果的。希望你通过练习我分享的打坐方法，能够把自己的元气集中起来，打造好的身体。

问：我练习马老师您教的方法已经有三个多月了，感觉身体很热，有时候忍不住想吃点凉的东西，心里才会舒服点，我不知道接下去该怎么办？

答：我挺讶异的，第一次有人问我打坐能不能吃凉的东西。如果说身体热得不舒服，那是另外一回事；如果说身体热得很舒服，我倒建议你不必吃凉的东西。在打坐修拙火的时候，像西瓜这类凉的食物还是不吃比较好。如果说你已经打坐很久，拙火起得很好，那喝点凉的、吃点凉的倒没关系。请记住，原则上，我还是希望你不要吃凉的东西。再重复一下，如果感觉身体很热，这个热应该是舒服的；如果感觉是不舒服的热，那就代表有问题了，检查一下自己是不是不够放松，意念是不是太重了，也就是太用力导气了。导气时一定要放松，可以带着一种呵护、爱的感觉关怀着气。你的头皮，以及你的每一根头发都是放松的，头部不要用力，全身没有任何地方用力，姿势确保正确。